Abhandlungen
der Bayerischen Akademie der Wissenschaften
Mathematisch-naturwissenschaftliche Abteilung
XXXI. Band, 1. Abhandlung

Nova Kepleriana

Wieder aufgefundene Drucke und Handschriften von Johannes Kepler

4.

Die Keplerbriefe auf der Nationalbibliothek und auf der Sternwarte in Paris

herausgegeben

von

Walther von Dyck und Max Caspar

Vorgelegt am 15. Mai 1926

München 1927
Verlag der Bayerischen Akademie der Wissenschaften
in Kommission des Verlags R. Oldenbourg München

Vorbemerkung.

Die Herausgabe einer Reihe von Drucken und Handschriften von Johannes Kepler, die ich vor dem Kriege an verschiedenen Orten wieder aufgefunden habe, ist durch den Krieg unterbrochen und weiterhin durch Amtsobliegenheiten verzögert worden. Ich hatte sie damals mit der Veröffentlichung zweier auf der Münchner Staatsbibliothek aufgefundener „Prognostica" der Jahre 1604 und 1624 (diese Abhandlungen Band XXV, 5), mit dem in Wittenberg entdeckten „Glaubensbekenntnis" aus dem Jahre 1623 (Abhandlungen Band XXV, 9) und mit einem Briefwechsel Keplers mit Edmund Bruce von 1603 (Abhandlungen Band XXVIII, 2), der sich in der Bibliothek des Britischen Museums in London befindet, begonnen.

Nunmehr veröffentliche ich an vierter Stelle einen Brief von Kepler an den Secretarius des Kurfürsten von Sachsen, Johannes Seussius, aus dem Jahre 1622 und Briefe an den Leipziger Professor Philipp Müller vom Jahre 1622 und aus den letzten Lebensjahren Keplers, die ich bei einem Aufenthalt in Paris zu Ostern 1914 in der Nationalbibliothek und in der Bibliothek der Sternwarte dortselbst aufgefunden und zusammengestellt habe. Ich füge ihnen, wegen ihrer unmittelbaren Beziehungen zu Kepler noch Auszüge von Briefen des Schwiegersohnes von Kepler, Jacob Bartsch und des Danziger Astronomen Peter Crüger an Philipp Müller an, die mit weiteren Briefen an diesen einer auf der Nationalbibliothek in Paris befindlichen Sammlung von Handschriften und Briefen astronomischen Inhalts angehören.

Die Veröffentlichung dieser Briefe auf Grund von photographischen Aufnahmen ist mir damals von der Leitung der Nationalbibliothek wie der Pariser Sternwarte mit dankenswerter Bereitwilligkeit gestattet worden.

Bei der Übersetzung des Textes, deren Beigabe mir nahegelegt worden ist, sowie bei der Redaktion der Anmerkungen habe ich mich der Mitarbeit von Herrn Professor Max Caspar vom Gymnasium in Rottweil zu erfreuen gehabt, der schon durch seine vortreffliche Übersetzung des Jugendwerkes von Kepler, seines Mysterium cosmographicum sich den Dank aller Keplerfreunde erworben hat und der sich auch weiterhin der Herausgabe und Interpretation der Werke Keplers zu widmen gedenkt. Herr Professor P. Lehmann der hiesigen Universität hat, unterstützt von seinem Schüler B. Bischoff, in dankenswertester Weise die lateinischen Texte mit der photographischen Wiedergabe der Originale verglichen.

Die Anmerkungen zu den Briefen sind ausführlicher gehalten und greifen historisch weiter aus, als es für den unmittelbaren Zweck vielleicht notwendig scheinen mag. Die Persönlichkeit Keplers und der Kern seiner uns oftmals wunderlich erscheinenden Gedankengänge können aber nur im Zusammenhang mit jener, Gärung, Umsturz und Erneuerung in sich tragenden unglücklichsten Epoche unserer Geschichte richtig gewürdigt werden. So wollen auch die vorliegenden Darlegungen als Vorarbeit zu einer in Mitte der Zeit gestellten Gesamtdarstellung von Keplers Lebenswerk verstanden sein. Für diese kommt, wenn schon eine neue Gesamtausgabe der Werke, wie sie mir vorschwebt, wegen der hohen Kosten noch nicht sobald sich wird verwirklichen lassen, in erster Linie eine vollständige Ausgabe des Briefwechsels in Betracht, denn gerade hier spricht Keplers Wesensart am eindringlichsten zu uns und umgekehrt sind Keplers Briefe eines der bedeutendsten Dokumente der Kulturgeschichte jener Zeit. Möchte es gelingen, diese Ausgabe als einen ersten Teil der Gesamtausgabe der Werke in Bälde durchzuführen.

Walther von Dyck.

Einleitung.

Die auf der Bibliothèque nationale und der Bibliothèque de l'Observatoire zu Paris befindlichen Originale und Abschriften von Briefen Johannes Keplers stammen aus der großen Sammlung von Handschriften und astronomischen Beobachtungen, welche Joseph Nicolas Delisle in den Jahren 1709—1750 als Astronom der Pariser Sternwarte auf seinen Reisen durch Deutschland und während seines Aufenthaltes in Rußland zusammengebracht hat.[1] Einen wichtigen Teil dieser Sammlung bilden die von ihm in Danzig erworbenen Beobachtungsjournale und der weit verzweigte Briefwechsel von Hevelius, der noch heute einer genauen Durchforschung harrt.[2] Delisle versuchte auch den Nachlaß Keplers zu erhalten, der im Jahre 1708 von den Erben von Hevelius an Hanschius übergegangen war und sich zu jener Zeit, 1736, noch in Wien befand; doch schlugen seine hierauf gerichteten Bemühungen fehl. Dagegen hat er eine sehr interessante, an den Leipziger Arzt und Astronomen Philipp Müller gerichtete Korrespondenz erworben, welche neben Briefen des Chronologen Sethus Calvisius und des Danziger Astronomen Peter Crüger eine Anzahl von Briefen Keplers und weiter solche von Keplers Schwiegersohn Jacob Bartsch enthält. Von einzelnen wichtigeren Briefen wurden damals (wahrscheinlich noch in Deutschland) Abschriften gefertigt und der Sammlung beigegeben.

---

[1] Ich folge hier den Angaben des von M. G. Bigourdan aufgenommenen „Inventaire général et sommaire des manuscripts de la bibliothèque de l'observatoire de Paris", Annales de l'observatoire de Paris, Mémoires, tome 21, 1895.

[2] Auszüge aus diesen Briefen, aus der Zeit von 1644—1681, hat Johannes Ericus Olhoff zu Danzig unter dem Titel „Excerpta ex Literis illustrium et clarissimorum virorum ad nob. ampl. et consult. Dn. Johannem Hevelium cons. Gedanentem perscriptis. Gedani 1683" herausgegeben. Sie schildern u. a. den Anteil der Gelehrtenwelt an dem Brande, der im September 1679 das Haus mit dem Observatorium und der Bibliothek des Hevelius in Danzig zerstörte, aus dem dieser aber „simul Aeneas" u. a. seine Beobachtungsjournale, den Briefwechsel und die Manuskripte von Kepler gerettet hatte. Der Briefwechsel von Hevelius soll damals 15 Folianten umfaßt haben. Auch im Inventaire von Bigourdan sind 15 Bände aufgeführt, deren Inhalt (s. das Folgende S. 7) sich jetzt zum Teil in der Bibliothèque Nationale befindet.

Nach seiner Rückkunft nach Paris übergab Delisle seine ganze Sammlung astronomischen und geographischen Inhaltes dem Staate gegen eine Leibrente und gegen den Titel eines Astronome de la Marine.

Die Sammlung wurde um das Jahr 1750 dem Dépôt de la Marine einverleibt, von woher die Manuskripte noch heute — soweit er nicht gewaltsam entfernt wurde — einen grünen Stempel — Anker mit drei Lilien und der Umschrift „Dépôt des cart. pl. et journ. de la Marine" — tragen. Im Jahre 1795 verfügte das Comité de Salut public die Überführung der Manuskripte in das neu gegründete Bureau des Longitudes, von wo sie bald darauf der im Entstehen begriffenen Bibliothèque de l'Observatoire de Paris überwiesen wurden.

Als in den vierziger Jahren des vorigen Jahrhunderts G. Libri seine verheerenden, mit Fälschungen verknüpften Raubzüge durch die Bibliotheken Frankreichs unternahm, hat er auch die Bibliothek der Pariser Sternwarte geplündert. Mit einem Teil der Manuskripte von Hevelius wurden dort auch die Originalbriefe Keplers und ein Teil der Abschriften gestohlen. Einige dieser Stücke, Originalbriefe Keplers und Abschriften kamen mit jener großen Sammlung von Handschriften und Druckwerken, welche Libri im Jahre 1847 heimlich an den Grafen Ashburnham verkauft hat, nach England. Nach dem Tode des Grafen, im Jahre 1878, wurde, da der Sohn die kostbare Bibliothek seines Vaters dem Verkauf unterstellte, die Rückerwerbung der in Frankreich gestohlenen Schätze — außer dem sogenannten „Fonds Libri" handelte es sich noch um die 1849 vom Grafen Ashburnham erworbenen Objekte des Fonds Barrois — von Seiten der Bibliothèque Nationale betrieben. Der Rückkauf beider Sammlungen konnte im Jahre 1888 vollzogen werden.[1])

Die durch diesen Rückkauf an die Nationalbibliothek gelangten Keplerbriefe sind mit anderen Manuskripten der Sammlung Delisle enthalten im Codex Nr. 1635 der „Nouvelles acquisitions lati-

---

[1]) Die wechselvolle Geschichte der Rückkaufsverhandlungen ist dargelegt von dem Generaladministrator der Nationalbibliothek Léopold Delisle in einem Bericht an den französischen Unterrichtsminister vom Jahre 1883 „Les manuscripts du Comte d'Ashburnham" (Paris, Imprimerie Nationale) und in dem von Delisle verfaßten „Catalogue des manuscripts des fonds Libri et Barrois" Paris 1888. Man sehe auch den Aufsatz von P. de Lagarde „Die Handschriftensammlung des Grafen von Ashburnham" in den Göttinger Nachrichten vom 15. Januar 1884. Im Laufe der Verhandlungen, bei denen es sich im besonderen um die Aufbringung von Mitteln für den Rückkauf handelte, ist bekanntlich durch Vermittelung des Straßburger Buchhändlers Trübner und durch das Eintreten Kaiser Wilhelm I. und Kaiser Friedrich III. die Manessesche Liederhandschrift für die Heidelberger Bibliothek wieder erworben worden.

nes". In der „Correspondance de Hévélius" (Nouvelles acq. lat. Cod. 1639—1642) befindet sich außerdem noch (in Cod. 1640) ein von Hevelius herrührendes „projet d'un recueil des oeuvres posthumes de Kepler", überschrieben „Opera posthuma praeclarissimi et acutissimi Joh. Kepleri ex bibliotheca Heveliana edenda", auf das ich im Zusammenhang mit einer Besprechung anderer Verzeichnisse der Keplerhandschriften zurückkommen werde.

Die noch auf dem Observatoire befindlichen Schriftstücke — es sind die Abschriften von fünf Briefen Keplers — sind enthalten in dem Faszikel Nr. 89 des ursprünglichen Delisleschen Verzeichnisses, welches nach der neuen Delaunayschen Katalogisierung vom Jahre 1871 die Bezeichnung trägt

B, 1. 9. 89. „Lettres de Sethus Calvisius, Jean Kepler etc. 1612—1635. Lettres écrites à G. Kirch 1674—1709. 1 portef. in Fo."[1]

Stellt man nun die auf der Bibliothèque Nationale und die auf dem Observatoire befindlichen Briefe Keplers zusammen, so ergibt sich, daß bis auf eine einzige Lücke von allen ursprünglich von Delisle erworbenen Keplerbriefen entweder die Originale oder doch Abschriften noch vorhanden sind.

Von den seinerzeit im Faszikel 89 von Delisle vereinigten Briefen bilden nämlich die je mit besonderen Umschlägen versehenen Teile

89, 5; 89, 10; 89, 7; 89, 8 und 89, 9

eben jene an Philipp Müller gerichtete Korrespondenz, welche Delisle in Deutschland erworben hatte.[2]

Diese Korrespondenz trägt eine augenscheinlich vor der Erwerbung durch Delisle angebrachte Numerierung 1, 2. 3 ... 50 unten in der Mitte der Vorderseite eines jeden Briefes. Neben dieser tragen die Briefe und Umschläge noch die von Delisle (links unten auf der Vorderseite eines jeden

---

[1] Inventaire général et sommaire de G. Bigourdan, a. a. O. Seite F. 15.

[2] Die übrigen Teile des Faszikels 89 gehören zu dem von Delisle erworbenen Nachlaß des Astronomen Gottfried Kirch und enthalten Briefe von Eimmart, Flamstead, C. G. Hecker, J. H. Hoffmann, U. Junius, G. Kirch, P. A. A. Kochanski, Roemer, E. Tschirnhausen, J. G. Töllner. Die vorangehenden Faszikel Nr. 77—88 (B, 2. 13—16 und B, 3. 1—8) umfassen die Beobachtungsjournale und astronomischen Arbeiten von G. Kirch aus den Jahren 1674—1710.

Die eingangs erwähnte Korrespondenz von Hevelius ist, soweit noch auf der Sternwarte vorhanden, dort, in 15 Bänden und einem Faszikel, unter C, 1. 1—16, das Verzeichnis seiner Büchersammlung unter C, 2. 5 eingereiht. Ergänzt wird diese Briefsammlung durch die von der Nationalbibliothek aus dem Nachlaß Ashburnham zurückgekaufte, im Cod. 1639—1642 enthaltene Sammlung.

Stückes) angebrachte Signatur, nämlich die den Teilbezeichnungen 89, 5; 89, 10 usw. zugefügten Buchstaben A (je für den Umschlag), B, C ... Dabei sind den in die Nummern 89, 7 und 89, 8 eingeordneten Keplerbriefen jedesmal noch die hiezu gefertigten Abschriften angereiht; die übrigen Briefe sind nur im Original vorhanden. Da überdies auf jedem Umschlag Absender und Empfänger der einzelnen Briefe sowie die Zahl der eingeordneten Stücke vermerkt ist, läßt sich das Verzeichnis der ursprünglich und gegenwärtig vorhandenen Briefe und Abschriften aufstellen, aus welchem sich auf die Vollständigkeit der Briefe Keplers schließen läßt.

Es ergibt sich das folgende nach der ursprünglichen Numerierung I, 2... angeordnete:

Verzeichnis der um 1736 von Delisle erworbenen Sammlung von Briefen an Philipp Müller, Med. Lic. und Professor an der Universität Leipzig aus den Jahren 1612—1635. [1]

89, 5. „Lettre de Sethus Calvisius de Leipzic, le 5 mars 1612 à l'academie de Leipzic. Deux pièces cottées compris l'envelope."

Original auf der Bibliothèque de l'Observatoire.

89, 5. A. Umschlag.

89, 5. B. I. Brief von Sethus Calvisius, die Kalenderfrage betreffend.

89, 10. „Lettres de Jac. Bartschius à Philippe Müller. Les années 1629, 1630 et 1632."

„Neuf pièces cottées, compris l'envelope."

Originale, sämtlich auf der Bibliothèque de l'Observatoire.

89, 10. A. Umschlag.

89, 10. B. **2.** Brief von J. Bartsch an Ph. Müller.
dat. Lauban, 30. April 1629.

---

[1] Wir geben hier die von Delisle auf den einzelnen Umschlägen eingetragenen Überschriften wieder und im einzelnen die Delislesche Signierung (89, 5. A, B usw.) und die ursprüngliche Numerierung (I, 2...). Fehlende Stücke sind in [*Kursivschrift*] eingetragen und eingeklammert.

Die im Original oder Abschrift vorhandenen Briefe Keplers sind durch **Fettdruck** hervorgehoben.

89, 10. C. **3.** Brief von J. Bartsch an Ph. Müller.
dat. Lauban, 29. Juli/8. August 1629.

89, 10. D. **4.** Desgl.
dat. Lauban, 9./19. Januar 1630.

89, 10. E. **6.**[!] [1]) Desgl.
dat. Sagan, 7./17. November 1630.

89. 10. F. **7.** Desgl.
dat. Sagan, 3. Januar 1631.

89, 10. G. **8.** Desgl.
dat. Lauban, 5. Mai 1631.

89, 10. H. **9.** Desgl.
dat. Lauban, 19./29. Juni 1631.

89, 10. J. **11.**[!] [1]) Desgl.
Ohne Ortsbezeichnung, dat. 3. Sept. nov. 1631.

89, 7. „Lettre de Jean Kepler à Jean Seussius, secretaire de l'electeur de Saxe, du mois Juillet 1622."
„it. Une autre lettre de Kepler sans datte n'étant pas non plus marquée à qui elle est addressée avec une copie des mesmes."
„Cinq pièces cottées, compris l'envelope."
Originale und Abschriften, bis auf den im Observatoire zurückgebliebenen Umschlag (A) sämtlich auf der Bibliothèque Nationale.

89, 7. A. Umschlag mit der vorstehenden Überschrift.

89, 7. B. **12.** Brief von J. Kepler an J. Seussius.
Ohne Ortsbezeichnung, dat. 1. Juli 1622.
Original Nouv. acqu. lat. Cod. 1635. Fol. 92, 93.

89, 7. C. **13.** Brief von J. Kepler [an Ph. Müller].
Angabe des Adressaten, Orts- und Zeitangaben fehlen.
Original Nouv. acqu. lat. Cod. 1635. Fol. 102. 103.

89, 7. C. **14.** „Postscripta [zum vorigen Brief]".
Angabe des Adressaten, Orts- und Zeit-Angaben fehlen.
Original Nouv. acqu. lat. Cod. 1635. Fol. 104.

---

[1]) Die Nummern **5** und **10** fehlen. Da aber die Buchstabenbezeichnung fortläuft, müssen sie schon vor der Anlegung des Delisleschen Verzeichnisses gefehlt haben.

89, 7. D.   **Abschrift des Briefes an Seussius.** B. **12.**
    Nouv. acqu. lat. Cod. 1635. Fol. 94, 95.

89, 7. E.   **Abschrift der „Postscripta".** C. **14.**
    Nouv. acqu. lat. Cod. 1635. Fol. 105—108.

Der an Seussius gerichtete Brief B. **12** ist bisher noch nicht veröffentlicht. Der Brief C. **13** ist bekannt aus einem Konzept von Keplers Hand, welches sich im ersten Band der auf der Sternwarte in Pulkowa aufbewahrten Keplermanuskripte befindet. Nach diesem Manuskript hat Hanschius den Brief in seiner Sammlung „J. Keppleri aliorumque Epistolae mutuae" S. 698—704 aufgenommen.[1]) Er ist an Philipp Müller gerichtet und die Antwort auf einen Brief Ph. Müllers aus Leipzig, 3. August 1622 datiert — abgedruckt in den Epistolae mutuae S. 695—698. Der in diesen beiden Schreiben erwähnte Brief an Seussius ist eben der obige vom 1. Juli 1622 datierte Brief B. **12.** In der Pariser Handschrift des Briefes von Kepler an Ph. Müller fehlen einige Sätze des bei Hanschius abgedruckten Textes, sowie die Schlußseiten — etwa die Hälfte des Briefes. Um das Fehlen der Schlußseite zu verdecken, ist auf der letzten noch vorhandenen Seite (Fol. 103 in der Numerierung des Codex) von fremder Hand (durch Libri?) das Anfangswort „Abrahamo" der auf der folgenden Seite des Manuskripts (Fol. 104 des Codex) angereihten „Postscripta" als Leitwort unten angefügt worden.

89, 8.   „Lettres de Jean Kepler à Philippe Müller. Les années 1629 et 1630."
    „Avec la copie de la plupart."
    „Quinze pièces cottées, compris l'envelope."

89, 8. A.   Umschlag, die vorstehende Überschrift tragend.
    Bibl. Nat. Nouv. acqu. lat. Cod. 1635. Fol. 91.

[*89, 8. B.* **15.** *Brief von J. Kepler an Ph. Müller.*
    dat. Sagan, 17./27. Oktober 1629. Fehlt im Original.]

[*89, 8. C.* **16.** *Desgl.*
    dat. Sagan, 13./23. November 1629. Fehlt im Original.]

[*89, 8. D.* **17.** *Desgl.*
    dat. Sagan, 4. Januar 1630. Fehlt im Original.]

[*89, 8. E.* **18.** *Desgl.*
    dat. Sagan, 16./26. Januar 1630. Fehlt im Original.]

---

[1]) Diese Briefsammlung wird im folgenden kurz mit „Epistolae" zitiert; die von Frisch besorgte Gesamtausgabe der Werke mit „Opera".

89, 8. F. **19.** **Brief von J. Kepler an Ph. Müller.**
dat. Sagan, 27. Februar 1630.
Original Bibl. Nat. Nouv. acqu. lat. Cod. 1635. Fol. 98.

[*89, 8. G.* **20.** *Desgl.*
dat. Sagan, 22. April 1630. Fehlt im Original.]

89, 8. H. **21.** **Brief von J. Kepler an Ph. Müller.**
dat. Sagan, 26. August 1630.
Original Bibl. Nat. Nouv. acqu. lat. Cod. 1635. Fol. 100.
101.

[*89, 8. J.* **22.** *Desgl.*
dat. Lauban, 2. September 1630. Fehlt im Original.]

89, 8. K. **Abschrift von B. 15.**
Bibliothèque de l'Observatoire.

89, 8. L. **Abschriften von C. 16; H. 21; J. 22.**
Ebenda.

89, 8. M. **Abschrift von D. 17.**
Ebenda.

89, 8. N. **Abschrift von E. 18.**
Bibl. Nat. Nouv. acqu. lat. Cod. 1635. Fol. 96.

89, 8. O. **Abschrift von F. 19.**
Ebenda Fol. 97.

89, 8. P. **Abschrift von G. 20.**
Ebenda Fol. 99.

89, 9. „Lettres de Petrus Crugerus à Philippe Müller. Les années
1620—1635."
„Vingt-huit pièces cottées, compris l'envelope."

Diese Briefe tragen die Nummern der ursprünglichen Anordnung **24—50.**
Von Delisle haben sie die Signaturen 89, 8. A. (Umschlag), 89, 9. B bis 89, 9. Z
(unter Weglassung von V, dann von 89, 9. Aa bis 89, 9. Dd) erhalten. Die
Reihe ist bis auf die Nummer **43** (zwischen September 1632 und Februar 1633)
vollständig. Zwischen den beiden Briefserien 89, 8 und 89, 9 fehlt die Nummer **23,** von der ich keine Spur im ganzen Faszikel B. 1, 9 der Bibliothek
der Sternwarte habe finden können.

Die Briefsammlung von Delisle enthält sonach in Originalen bezw. Abschriften 10 Briefe von Kepler.

Die in Original und Abschrift vorhandenen, an Seussius und Ph. Müller
gerichteten Briefe B. **12** und C. **14** hängen zeitlich und inhaltlich zusammen

und ergänzen den schon aus Hanschius bekannten, in der Pariser Handschrift nur im Bruchstück vorhandenen Brief C. 13.

Die übrigen 8 an Philipp Müller gerichteten Briefe aus den Jahren 1629 und 1630, von denen zwei in Original und Abschrift, die übrigen nur in Abschrift vorhanden sind, stehen gleichfalls untereinander in Zusammenhang und bilden wahrscheinlich eine ununterbrochene Reihe. In diese fügen sich inhaltlich auch einzelne Briefe von Jac. Bartsch an Ph. Müller ein; sie gehen aber über das Todesjahr Keplers (November 1630) noch hinaus. Wir geben sie, ebenso wie einzelne Briefe von P. Crüger an Ph. Müller im folgenden Anhang (C, I) auszugsweise wieder, soweit sie sich auf Kepler beziehen.

Endlich fügen wir, ebenfalls im Auszug, noch einen bisher nicht veröffentlichten Brief an, welchen J. Bartsch im Herbst des Jahres 1628 an Kepler gerichtet und seiner „Ephemeris nova Tychonico-Kepleriana" vom Jahre 1629 (Lipsiae 1629) vorangestellt hat. Die Antwort auf diesen Brief hat Kepler der Neuausgabe dieser Ephemeriden (Sagan 1629) vorgesetzt. Sie ist in den Opera, Bd. VII S. 581 ff. abgedruckt. Beide Briefe vervollständigen das Bild, das sich aus unseren acht an Ph. Müller gerichteten Briefen ergibt über die Verhältnisse, in denen sich Kepler in seinen letzten Lebensjahren befand.

A.
Die Briefe aus dem Jahre 1622.

---

1. Allgemeine Übersicht.

Der vorliegende Briefwechsel Keplers vom Jahre 1622 fällt in die Zeit
nach Vollendung der Harmonice mundi (1619), nach Abschluß der Epitome
Astronomiae Copernicanae (1618—1621) und nach der Neuherausgabe seines
Jugendwerkes, des Mysterium cosmographicum (1621). In den Anmerkungen
zu dieser neuen Ausgabe legt Kepler dar, wie alle seine späteren Arbeiten in
Übereinstimmung geblieben sind mit seinen ersten Ideengängen, in denen er
das Geheimnis des Weltbaues ergründet zu haben glaubte, und welche für
ihn das „Nachdenken der Gedanken" bedeutet hatte, die der Schöpfer selbst
dem Bau des Weltalls zu Grunde gelegt hat. Auch die gegenwärtigen Briefe
liefern einen Beitrag zu diesem Ideengang.

Die unmittelbare Veranlassung zu dem Briefwechsel bildet eine Kontro-
verse des Danziger Astronomen Peter Crüger[1]) mit dem Leipziger Theologen und Astronomen Paul Nagel, der in seinen prophetischen und cabba-
listischen Schriften gegen die Beobachtungen und Berechnungen der Astro-

---

[1]) Der Mathematiker Peter Crüger war geboren zu Königsberg am 20 Oktober 1580, studierte
zu Wittenberg, ward 1606 daselbst Magister, dann 1609 Professor der Mathematik zu Danzig. Er starb
1639. Sein Briefwechsel mit Kepler umfaßt die Jahre 1610—1625. Er ist in den Epistolae auf S. 439
bis 483 veröffentlicht. Auf seinen Briefwechsel mit Ph. Müller aus den Jahren 1620—1635 kommen wir
im Abschnitt C zurück.

Vgl. weiter die Anmerkung 1 auf S. 33 ff.

nomen und insbesondere gegen Tycho Brahe zu Felde gezogen war.[1]) Die Schriften Nagels sind besonders charakteristisch für die aufgeregten, unruhevollen Gedankengänge, denen viele suchende Gemüter in jener gärenden Zeit zu Beginn des dreißigjährigen Krieges unterlagen, für die Art und Auffassung bewegender theologischer Fragen und ihre Verquickung mit astrologischen Ideen. Die Menge der damals über solche Dinge entstandenen Schriften, bei denen die Ausdeutung der Offenbarung Johannis für die nächstbevorstehende Zukunft eine wichtige Rolle spielt, die phantastischen Thesen über Weltordnung und nahes Weltende, um die ein heftiger Kampf geführt wird, sind Ausgeburten einer weitumgreifenden theosophischen Richtung der Zeit, der sich auch Kepler nicht entzogen hat, der dieser aber in einem viel tiefer liegenden Sinne nachgeht als jene nur nach Wundern ausschauenden phantastischen Schriften, Prognostica und Prophezeiungen, die Kepler auf das entschiedenste bekämpft und ablehnt.

Crüger hatte (1621) die Angriffe Nagels auf Tycho Brahe zurückgewiesen in einem „Sendbrief an den achtbahren und wolgelahrten Herrn M. Paul Nagelium, weltberühmten Theologastronomum Cabaloapocalypticum in Meissen". Nagel antwortet mit der Gegenschrift „Astronomiae Nagelianae fundamentum verum et principia nova", und hierauf entgegnet Crüger von neuem mit einem „Rescriptum auff M. Pauli Nagelii Buch, dessen Titel ... zu endlicher Abfertigung dieses vermeintlichen Astronomi Cabalistici et Apocalyptici gestellet. Danzigk 1622." Eine Unstimmigkeit in der Berechnung der Sonnenfinsternis von 1621 zwischen Kepler und Tycho Brahe berührend schreibt Crüger in einem Brief vom 21./22. April 1623 an Kepler „Nagelius, novus ille Cabalista, hinc occasionem arripuit, Astronomiam Tychonicam sugillandi: cui tamen jam sufficienter respondi".

In diesen Streit greift nun, aufgefordert von Crüger selbst, (neben anderen) auch der Leipziger Mathematiker und Astronom Philipp Müller ein mit „pagellis Anti-Nagelianis", die durch Johannes Seussius, den gelehrten, mit Kepler wie mit Philipp Müller befreundeten Sekretär des Kurfürsten Christian II. von Sachsen, an Kepler überschickt werden.[2])

---

[1]) Paul Nagel „ein neuer Prophet und Chiliast — so wird er in J. H. Zedlers Universallexikon von 1733 bezeichnet — der in seinen Schriften den Anfang seiner eingebildeten güldenen Zeit auf das Jahr 1625 gelegt" war Rektor auf der Schule in Torgau und starb als solcher 1621. Auch wenn man die Wirren der Zeit in Rechnung zieht, ist es merkwürdig genug, wie viele auch besonnene Gelehrte von damals sich mit seinen Schriften beschäftigt haben.

Für die Literaturnachweise vgl. die Anmerkung 1 auf S. 33.

[2]) Über Philipp Müller gibt H. Zedlers Universallexikon (von 1739) den folgenden Aufschluß: „Ph. M. ein Medicus, wurde zu Hertzberg, allwo sein Vater M. Johann Müller damals Rector war. 1585

Der in Paris aufgefundene Brief an Seussius vom 15. Juli 1622 ist die Antwort Keplers auf diese Zusendung. [1]) Er hat zur Folge, daß Ph. Müller nun in direkten Briefwechsel mit Kepler kommt.

Das Thema Nagelius, bei welchem Ph. Müllers Anschauungen völlig mit denen Keplers übereinstimmen, tritt aber in Keplers Brief in den Hintergrund. [2]) Er verweist nur auf seine eigenen Kämpfe in ähnlicher Richtung, gegen philosophische und theologische Phantastereien, wie sie vor allem Robertus de Fluctibus veröffentlichte.

Die weiteren Erörterungen knüpfen an einzelne Stellen und Thesen der Müllerschen Streitschrift an.

Hierbei findet, ebenso wie in den in der Folge mit Müller gewechselten Briefen, ein Gedankengang eingehende Erörterung, der für Keplers Denkweise äußerst charakteristisch ist, seine Vorstellung von der Einwirkung Gottes auf die Gedanken und Handlungen der Menschen; er bezeichnet sie hier als „συνϑήϰη" und übersetzt dies nicht ohne ein gewisses Bedenken mit „condescensio Dei". Sie kommt in allen seinen Schriften, angefangen vom Mysterium cosmographicum, immer wieder zum Ausdruck und wird mit allen möglichen Wendungen betont. „Nihil a Deo temere constitutum" lautet die Formulierung in den Anmerkungen zur zweiten Auflage des Mysterium cosmographicum. [3]) Ausführlicher handelt er davon in der 1606 erschienenen Schrift „De Stella Nova in Pede Serpentarii" und in der im Jahr darauf herausgegebenen über den Kometen von 1607. [4])

---

den 11. Februar geboren und legte sich zu Leipzig auf die Medicin, darinnen er auch den Gradum eines Licentiaten annahm. Nachdem er auf gedachter Universität eine Zeitlang Professor Mathematum gewesen, erhielt er daselbst Professionem Botanices und die Collegiatur im großen Fürsten-Collegio. Er starb als Churfürstl. Stipendiaten Ephorus, der Academie Decemvir und der Philosophischen Fakultät, wie auch der ganzen Academie Senior 1659, den 26. Märtz." Vgl. im weitern die Anmerkung 1 (Nageliana) auf S. 33 ff.

[1]) Ein weiterer Briefwechsel zwischen Seussius und Kepler ist nicht bekannt. Aber es gehen die Beziehungen zwischen beiden auf längere Jahre zurück. Hanschius teilt in den „Epistolae" (auf S. 572/73) ein Hochzeitsgedicht mit, das Seussius aus Anlaß der zweiten Heirat Keplers (mit Susanna Reutlinger, Oktober 1613) diesem gewidmet hat (vgl. Opera, Bd. VIII, S. 821). Außerdem findet sich zu Anfang der „Astronomia nova (1609) in den „Epigrammata in Commentaria de motibus Martis", sowie in den Epigrammen „in libros opticos Joannis Kepleri" („Ad Vitellionem paralipomena", 1614) je ein Widmungsgedicht von Seussius (Opera, Bd. III, S. 141 und Bd. II, S. 125). Man vgl. auch eine Stelle in einem Briefe Keplers aus dem Jahre 1610 bei Hanschius, Epistolae pag. 497; Opera, Bd. II, S. 427.

[2]) Nicht einmal der Name ist in Keplers Brief genannt. Erst in Müllers Antwortschreiben sind die „Pagellae Anti-Nagelianae" erwähnt. Die „Nageliana" sind in der Anmerkung 1 auf S. 33 zusammengestellt.

[3]) Opera, Bd. I, S. 163. Vgl. hiezu die Bemerkungen der deutschen Ausgabe von „Keplers Weltgeheimnis" von M. Caspar, Augsburg 1923.

[4]) S. hiezu die Anmerkung 5 auf S. 36.

Indem Kepler auf diese Schriften verweist, bittet er Ph. Müller im besonderen um sein Urteil über das Buch über den neuen Stern. Weiter möge er ein Studium des 4. und 1. Buches der „Epitome Astronomiae Copernicanae" und seine Harmonice Mundi zum Anlaß neuer gegenseitiger Bezugnahme wählen.

Diese Aufforderung ergreift Ph. Müller mit Freuden und kommt in dem aus den Epistolae (S. 695) bekannten Briefe vom 3. August 1622 — nachdem er seinen eigenen Entwicklungsgang und seine Lehrtätigkeit offenherzig geschildert — zunächst auf die Frage der „condescensio Dei" mit einigen kritischen Bemerkungen zu sprechen. Dann bittet er um Aufschluß über rechnerische Schwierigkeiten, die ihm beim Studium der oben genannten Schriften Keplers entgegengetreten sind.

Auf diese geht Kepler in seiner Antwort (Epistolae, S. 698) mit großer Geduld erläuternd ein „quia te discipulum profiteris incipiam a correctione". Beachtenswert ist dabei seine scharfe Stellungnahme gegen die „Cossisten" bei der Erörterung der Frage nach der Existenz und Konstruierbarkeit der regulären Vielecke.[1] Die condescensio Dei wird nochmals eindringlich diskutiert.

Der Text dieses Briefes — in den Epistolae aus den jetzt in Wien befindlichen Manuskripten abgedruckt — ist in dem auf der Pariser Nationalbibliothek befindlichen Original und der dortigen Abschrift, wie schon erwähnt, nicht vollständig enthalten. Dagegen sind dort (in Original und Abschrift) „Postscripta" angeschlossen, die ohne Zweifel zu diesem Briefe gehören.

Hier behandelt Kepler die Themata „Beziehung der Aspekte zu den Harmonien in der Musik" auf Grund des vierten und „Über den Ursprung der harmonischen Verhältnisse auf den Saiten eines Monochords" auf Grund des dritten Buches seiner Harmonice mundi.

Veranlassung zu diesen Ausführungen, welche eine prägnante Zusammenfassung grundlegender Gedanken seiner „Harmonie des Weltalls" enthalten, ist ein 1614 erschienenes kleines Buch des Magisters der Philosophie Abrahamus Bartolus, „Musica Mathematica", welches Kepler von Ph. Müller mit der Bitte um eine Besprechung zugesendet worden war.[2]

Schon einmal, im Jahre 1608, hat Kepler eine ähnliche Darlegung seiner Betrachtungen zur Harmonie des Weltalls gegeben, als ihm durch den Leipziger Professor der Medizin Joachim Tanckius eine Schrift des Schneeberger Kantors Andreas Reinhard über „Das Monochord" zur Beurteilung zugegangen war. Die dort gegebenen Ausführungen über die von

---

[1] Vgl. hiezu die Anmerkung 15, Aspekte und Kreisteilung, auf S. 42 ff.
[2] Vgl. die Anmerkung 12 über Reinhard-Bartolus auf S. 40 ff.

Reinhard bei der Teilung des Monochords begangenen Fehler lassen sich unmittelbar auf die Darstellung Bartolos übertragen, da beide Teilungen — was Kepler hier nicht weiter beachtet hat — in der Tat völlig übereinstimmen.[1]

Auch in einem früheren Briefe an Christof Hegulontius (Frisch vermutet in ihm den Astrologen Christian Heydon in London) aus dem Jahre 1605[2] und an Johann Georg Brengger (Arzt in Kaufbeuern) aus dem Jahre 1607,[3] wie auch schon im Mysterium cosmographicum,[4] hat Kepler die Prinzipien für die Einteilung des Monochords und ihre Beziehung zu den Harmonien und Aspekten aufgestellt, die dann später in der Harmonice mundi in größter Ausführlichkeit dargestellt sind. Die im Postscriptum gemachten Ausführungen betonen vor allem den Unterschied zwischen der in den Aspekten gegebenen Einteilung des Tierkreises und der aus den Regeln der Musik sich ergebenden Teilung des Monochords.

Wir geben im folgenden eine genauere Inhaltsübersicht der beiden neuen Briefe, zum Teil in wörtlicher Übertragung, und fügen ihr, des Zusammenhanges wegen, auch kurz den Inhalt der beiden dazwischen liegenden, schon bekannten Briefe Müllers vom 3. August 1622 und Keplers Antwort darauf an.

2. Inhaltsübersicht der Briefe aus dem Jahre 1622.

I. J. Kepler an J. Seussius. [Linz], 15. Juli 1622.

Kepler bedankt sich bei Seussius für die Zusendung der Müllerschen, gegen Paul Nagel gerichteten Schrift, mit deren Ausführungen er völlig übereinstimmt. „Ich denke auf das Tüpfelchen so wie er, nur hätte ich nie so viel Geduld aufgebracht, weder auf Bitten noch auf Befehl, um unter meinem eigenen Namen in diesem Camerinischen Sumpf zu rühren."

Kepler weist auf einen ganz ähnlichen Fall hin, bei dem er selbst unter dem Decknamen Kleopas Herennius (und unter den weiteren Anagrammen Helenor Kapuensis und Raspinus Enkeleo seines Namens) im Jahre 1620 eine Streitschrift (die „Kanones pueriles") veröffentlicht hatte gegen den Böhmen Felgenhauer und den Sachsen Tilner, die den jüngsten Tag auf Grund chrono-

---

[1] Vgl. die Anmerkung 12 über Reinhard-Bartolus auf S. 40 ff.
[2] Epistolae, S. 284 ff.
[3] Epistolae, S. 250 f.
[4] Mysterium cosmographicum, Kap. XII.

logischer Berechnungen verkündet hatten.[1]) Mit ein Grund bei dieser nur mit
Widerwillen verfaßten Schrift seinen Namen zu verbergen war „die Befürchtung, nicht in allen Teilen des Büchleins den Beifall der Sippe der Theologen
zu finden".

Als zweites Beispiel führt Kepler seine Schrift gegen Robert Fludd an,
gegen dessen mystische Anschauungen er sich in einem Anhang zur Harmonice mundi, der „Apologia adversus demonstrationem analyticam Cl. V. D. Roberti de Fluctibus, Medici Oxoniensis" im August 1621 gewendet hatte. „Obgleich aber", schreibt Kepler, „jener Wunderverkünder mit jeder Zeile meine
Geduld gegenüber seinen falschen Träumereien gereizt hat, habe ich doch meine
Ruhe bewahrt. Nur an einer Stelle habe ich mich vergessen und die Rosenkreuzer, mit denen jener immer um sich wirft, mit dem leichten Vorwurf
„lichtscheu" gestupft. Ich habe Berge berührt und sie haben ungeheueren
Rauch ausgestoßen in seiner Entgegnung von diesem Jahr. Wie er nun droht,
wie dieser Unglücksrabe mir Übel prophezeit!"

„Doch ich will nicht länger an diesem Seile ziehen. Die Rede des Menschen gleicht der Philosophie, zu der er sich bekennt."

So bereut Kepler im Grunde auch hier die Abfassung seiner Erwiderung.
Zur Schrift Müllers gegen Nagel selbst übergehend kommt Kepler auf einige
der dort formulierten Sätze zu sprechen.

Müller hatte es beifällig erwähnt, daß Kepler das Zeichen des Kreuzes
in das Sternbild des Schwans eingesetzt hat.[2]) „Da möge er denn wissen, daß
dem Kaiser Rudolph dies gänzlich mißfallen hat. Selbst Tycho hat irgendwo
in den „Progymnasmata" in einem abergläubischen Haß gegen den Aberglauben
Klage geführt gegen einen (ich weiß nicht welchen) Schriftsteller, der — es
ist unerhört, es so auszudrücken — Christus unter den Sternen noch einmal
kreuzigt. Und doch hat er selbst das Römische Reich im Sternbild der Cassiopeia dargestellt."

Auf eine weitere Ausführung Müllers Bezug nehmend fährt Kepler fort:
„Ich freue mich in dem Gedanken, wie angelegentlich er für mich eintritt,
der ich im „Neuen Stern" den geheimen Bund [συνθήκη] — oder die
Herablassung [condescensio] Gottes zu den Gedanken der Menschen
verteidige und in dem Buch über die Kometen das Römische Reich im Siebengestirn — für die Zeit der Erscheinung des Kometen nämlich — angedeutet
finde. In diesem letzteren Punkt lasse ich mich, falls Müller meint, daß mir

---

[1]) Die „Kanones pueriles" sind abgedruckt in den Opera, Bd. IV, Fol. 483—504.
[2]) In der 1906 erschienenen Schrift „De stella tertii honoris in Cygno". Opera, Bd. II, S. 759 ff.
S. unten Anmerkung 4 auf S. 36.

hier der sichere Boden fehlt, auf Zugeständnisse ein (denn ich bestehe allein auf der Herablassung). Schmerzlich ist mir das nicht, da ich bei solcher Zurechtweisung einen Genossen in Ambrosius Rhodius habe, der ein wunderbares, mächtiges und herrliches Schauspiel im Altar und Rauchfaß aufgerichtet hat."

„Es wäre mir lieb, wenn Du Müller veranlassen wolltest, mit mir in Briefwechsel zu treten [Randbemerkung:] (Die Post soll nicht belastet werden; kürzlich verlangten die Boten für Überbringung Deiner Gedichte einen Gulden). Er soll mir über die letzten Kapitel meines Buches über den neuen Stern sein Urteil mitteilen, das ich unter allen Umständen hoch einschätze, da es abgeklärt und im Feuer der Vernunft gereift ist."

„Wenn er dazu keine Lust hat (obwohl ich ihn dringend bitte), so findet er reichlichen Stoff in meiner Harmonik und ebenso im IV. und I. Buch der Epitome (die er stillschweigend im 18. seiner Sätze lobt)."

„Im 14. seiner Sätze anerkenne ich Arndt und besonders auch die Klagen von Müller selbst, daß diese reine Seele und seine ebenso notwendigen wie unbeachteten Betrachtungen mit fanatischen zusammengeworfen werden. Das heißt doch, mit den Manichaeern und Gnostikern das Christentum selbst, mit den Wiedertäufern die reformierte Religion selber verdrängen."

„Aber ich schließe meinen Brief mit dem Verse Müllers:"

„Alles ist voll von Übeln, die Calendarien und die verwegenen Lehren."

„Dir danke ich für Dich [für Dein Bild] und belohne Dich mit dem meinigen; aber Du mußt es von Straßburg, von Professor Bernegger erbitten; freilich bin ich großkopfig ausgefallen. Diesen Fehler des Bildes entschuldigt Lansius artig in seinem (auf mein Bild gemachten) Epigramm."

„Lebe wohl, Bruderherz. 15. Juli 1622."

P. S.

„Es ist unglaublich, mit welchen Folterqualen mein armer Ruf gemartert worden ist während meiner einjährigen Abwesenheit in Württemberg, fern von der Familie in Regensburg. Ich bitte Dich, lieber Freund, mir durch Aufzählung dessen, was zu Deinen Ohren gedrungen ist, eine Möglichkeit zur Aufdeckung der Makel zu eröffnen, wo vielleicht ein solcher hängen geblieben ist."

„Ich habe Dir im August 1620 geschrieben, nach der Preisgabe von Österreich ob der Enns; ich möchte fragen, ob Du den Brief erhalten hast. Es liegt mir viel daran, es zu wissen."

II. Ph. Müller an J. Kepler. Leipzig, 3. August 1622.

Epistolae, S. 695 ff.; Opera, Bd. V, S. 66 ff.

Ph. Müller dankt für die ihm durch Seussius übermittelte Beurteilung seiner gegen Nagel gerichteten Schrift und für Güte und Wohlwollen, die ihm Kepler erwiesen. Gegen Keplers Widersacher Robert de Fluctibus sich wendend fährt er fort: „Es ist nicht zu verwundern, daß dich Zeit und Mühe reut, die Du auf diesen gallenbitteren, halsstarrigen Unsinnschwätzer verwendest, der nichts für richtig und wahr hält außer was er selber weiß — vielmehr nicht weiß." Sodann spricht er von seinem Streit mit Nagel, der, wie seine Genossen, mit seinem Unsinn doch keinen Schaden anrichten kann. Eines freilich, so bekennt er offen, habe er selbst mit jenen gemein: „Unerfahrenheit und Unwissenheit in den Dingen, die er vortrage." Er sei durch fremden nicht durch eignen Willen zum Professor der Mathematik gemacht worden, nachdem die Blütezeit seines Lebens vorüber, die Schärfe seines Geistes gebrochen gewesen. Als Autodidakt und Spätlernender habe er die Professur angetreten — was nichts Seltenes und Ungewöhnliches sei. Besondere Schwierigkeiten bereiten ihm die Neperschen Logarithmen, manche Lehren des Archimedes und Apollonius, die Lehren der Coß und der Musik und ganz besonders das 10. Buch des Euklid. Einigermaßen verstehe er die übrigen Lehren dieses Mannes, wie auch die Trigonometrie, und trage sie auch vor, wenn würdige Hörer da seien. Eigenes könne er nicht bieten, er folge den Spuren anderer. Undankbar, unaufrichtig und ungerecht wäre es, würde er nicht gestehen, daß er durch einen guten Geist auf Keplers Spuren geleitet worden sei, der Scharfsinn und lichtvolle Sprache, Gewicht und Eigenart besitze wie keiner seit Copernikus. Tychos Ausdrucksweise gefällt ihm nicht wegen ihrer Weitschweifigkeit, wenn auch seine Gedanken alle Anerkennung verdienen.

Sodann kommt er auf die „Herablassung Gottes zu den Menschen" zu sprechen:

„Die „Herablassung", wie Du sie verstehst, verwerfe ich nicht ganz, sie ist verwandt mit der Anthropopathie der Theologen und läßt sich durch Beispiele aus der heiligen Schrift, die Du selbst in Deinem ausgezeichneten Buch über den neuen Stern anführst, belegen. Dies Buch gab mir den Anlaß, meine Augen einmal weiter als andere in der Philosophie aufzumachen, wenn ich auch lange mit vorgefaßten Meinungen zu kämpfen hatte, besonders was das Unterscheidungsvermögen der sublunarischen Welt betrifft. Wie man jedoch nach allgemeiner Ansicht aus außerordentlichen Ereignissen nicht ohne weiteres auch für andere Folgerungen ziehen darf, so muß man meines Erachtens auch hier darauf achten, daß nicht jene „Herablassung" oder vielmehr die alberne und verkehrte Sucht danach, mit einem Wort die Neugier, dazu führe, Gott zu versuchen. Der ägyptische Joseph und Daniel konnten sagen, daß Gott sich zu ihnen herabgelassen, daß ihre Visionen und Träume göttlichen Ursprungs seien. Ob das aber auch die Kalenderschreiber von sich behaupten dürfen, möchte ich billig bezweifeln."

Müller wundert sich, daß Kaiser Rudolph II. das Kreuzeszeichen unter den Sternbildern nicht gerne gesehen habe, da die Spanier doch die Taube, den Ölzweig, die Arche Noah in den Himmel versetzt haben, die Landleute im Pegasus und im Delphin ein großes und ein kleines Kreuz erkennen.

Daran anschließend folgt eine scherzhafte Bemerkung über eine Stelle aus Keplers Epitome Astronomiae Copernicanae, in der dieser die regulären Körper und ihre gegenseitigen Beziehungen mit den Stammeltern und ihren Nachkommen (Adam ist der Würfel, Eva das Tetraeder) vergleicht.[1])

Endlich bittet Müller um Aufklärung über einige Stellen in der Epitome, welche sich auf die Abstandsverhältnisse der Planeten und ihre Geschwindigkeiten beziehen. Er versteht hier sonderbarerweise Keplers Ausdrucksweise, die der zu jener Zeit gebräuchlichen durchaus entspricht, nicht, glaubt auch einen Widerspruch in Keplers Ausführungen über die Bahngeschwindigkeiten gefunden zu haben. Eigenartig mutet die Frage an: „Kann man Deine Himmelsphysik auch ohne Kenntnis der musikalischen Fachausdrücke und ohne Übung im Singen verstehen, oder wenigstens mit Hilfe des Musikinstruments, das κατ' ἐξοχήν so genannt wird und das zu schlagen ich einigermaßen verstehe?"

Zum Schluß seines „Briefes voller Fragen" stellt Müller noch Fragen über die von Kepler in seiner Harmonice mundi behandelte reguläre Teilung des Kreises und die dort eingeführten Größen.

III. J. Kepler an Ph. Müller. [Leipzig, nach dem 3. September 1622.]

Epistolae, S. 698 ff.; Opera, Bd. V, S. 68 ff. Bd. VI, S. 74 ff.

Kepler freut sich des neuen, ihm durch Seussius zugeführten Freundes. „Ich verhehle nicht, daß ich in zwanzigjähriger, fortgesetzter Arbeit so weit gekommen bin, wie nicht leicht ein anderer auf diesem Gebiet. Aber es ist auch keine Heuchelei, wenn ich gesagt habe, daß der Verkehr mit Dir auf dem Grenzgebiet zwischen Mathematik und Metaphysik, wo ich lebhaftere Befriedigung finde als in der abstrakten Mathematik, also auch auf meinem eigensten Gebiet, geeignet ist, mich zu fördern, dort durch Vertiefung meiner Denkweise, hier durch Reinigung und Klärung meiner Ausdrucksweise." Nicht so sehr die auf den Stoff der Himmelskörper bezüglichen Fragen ziehen ihn an. „Mein ganzer Geist trachtet darnach, auf Form und Leben, auf Gott selber, den Baumeister des Werkes einzugehen, wo mir allenthalben Freude winkt. So sehne ich mich immer nach Lesern, die, wenn sie auch keine zünftigen Mathematiker sind, doch die Kraft der Beweise, die ich mit mathematischen Hülfsmitteln durchführe, gründlich erfassen und meine Lehren im Vertrauen auf mich annehmen, und die dann die Art und Weise, wie ich sie erschließe, bei sich erwägen und mit mir besprechen. Diese Sehnsucht hast Du mir erfüllt durch Dein Eingehen auf die „Herablassung", die zu jenen metaphysischen Fragen gehört. Dabei gibst Du mir die heilsame Mahnung, nicht zu weit zu gehen. Gerne wünschte ich, Du hättest Dich ausführlicher ausgesprochen. So stelle ich zwei Fragen:"

„Angenommen es bestehe unter allen oder doch den meisten Gebildeten eines großen Volkes eine allgemeine Überzeugung, z. B. die, daß die hervorragendsten Männer unter großen

---

[1]) Die für Keplers reiche Phantasie sehr charakteristische Stelle im 4. Buch der Epitome Astronomiae Copernianae (Opera, Bd. VI, S. 822) lautet: „Quinque corpora in duas supra classes erant tributa, in tria primigenia et duo secundo genita, quorum illa trilinearum habebant angulum, haec plurilinearum. Nam ut Adam est primogenitus, Eva ejus non filia, sed pars, qui ambo protoplastae appellantur, Cain vero et Abel et sorores sunt jam illorum proles: sic cubus est primo loco, ex quo aliter et simplicius sunt ortae tetraëdron, velut costa quaedam cubi, et dodecaëdron, sic ut tamen omnia tria maneant inter primaria; octaëdron vero et icosaëdron ex cubo et dodecaëdron patribus, et tetraëdri, velut matris, plano triangulari, duae jam proles prognatae sunt, quaelibet sui parentis gerens similitudinem."

Konjunktionen geboren werden, zumal wenn dabei dem Ort oder der Zeit nach ein neuer Stern hinzutritt. Hat nun Gott diese Überzeugung der Menschen, daß er am ehesten zur Zeit einer Konjunktion der Planeten [neue] Sterne erscheinen lasse und den versprochenen Messias schicke, dazu benützt, um dadurch den Sinn der Weisen aus dem Morgenland zur Erkenntnis des Messias hinzuführen und durch sie die Kunde vom Messias unter den Menschen zu verbreiten? Oder sollen wir lieber sagen, Gott selbst sei es gewesen, der, wie er alles in Ordnung vollbringt und diese bewegliche Welt — die Planeten und unter ihnen die Erde — in schönster Ordnung gegründet hat, nun auch weiterhin die Auswirkungen dieses seines Werkes der Anpassung an die anderen Werke seiner Vorsehung gewürdigt hat? Siehe, so wollte er, daß Christus unter einer großen Konjunktion geboren werde, da er ihre Zeiten kannte und auf ihre Ordnung achtete. So hat Gott nicht darum diesen Zeitpunkt gewählt, weil die Menschen aus mancherlei Aberglauben auf solche Zeitpunkte achten, sondern er hat das Gemüt der Menschen derart geschaffen und wirkt in der genannten Weise darauf ein, weil er auch selber diese Zeichen der Zeit beachtet. — Anders steht freilich die Frage, ob, wenn Gott den Menschen durch Einzelne von ihnen ein Zeichen geben wollte, er sich dann zu seinen Ermahnungen ihrer Künste und eitlen Beobachtungen bedienen würde." Die wahren Deutungen dürfen nicht vorwitzig, nicht selbstsüchtig sein. „Denn je mehr Menschliches, desto weniger ist Göttliches im Menschen."

Die scherzhafte Wendung, die Müller dem Vergleich der regulären Körper mit den Stammeltern und ihren Nachkommen gegeben hat, weist Kepler zurück. Dieser Gedanke habe ihm wunderbares Ergötzen bereitet und ihn sozusagen gegen seinen Willen am Ohr gezupft. „Aber ich hasse alle Kabbalisten und habe mir auch hier Mässigung auferlegt."

Die Fragen über einzelne Stellen der Epitome Astronomiae Copernicanae, die Müller im letzten Brief gestellt hatte, beantwortet Kepler in langen Ausführungen über die in der Proportionenlehre gebräuchliche Ausdrucksweise und zeigt, daß von einem Widerspruch in seinen Aussagen über die Anziehung der Planeten durch die Sonne nicht die Rede sein kann. „Ich glaube, Du verstellst Dich, oder willst (außer wo ich Deine abweichende Meinung sehe) Dein Spiel mit mir treiben."

Zum Schluß kommt Kepler noch auf Müllers Fragen zur Kreisteilung zu sprechen. Er verweist auf seine im III. Buch der Weltharmonie vorgetragene Teilung des Monochords und auf die im I. Buch gegebene Unterscheidung der „begrifflich erfaßbaren" und der „begrifflich nicht erfaßbaren" Größen. Zu den ersteren gehören die dort (in Definitio XXII) als Apotome und Binome bezeichneten Längen. Das reguläre Siebeneck dagegen sei begrifflich nicht erfaßbar, ihm fehle jedes logisch vernünftige Sein. So verweist er Müller auf ein genaues Studium seiner in jenem I. Buch niedergelegten Betrachtungen, die kaum auf andere Weise dargestellt werden könnten. „Da hier der Zugang und Brennpunkt für die Prägung des menschlichen Geistes, sowie der Seele der ganzen Natur und der Formen durch den göttlichen Geist liegt, fordere ich Dich auf, nach der Einsicht in diese Dinge zu streben." Die Beschäftigung mit den Zahlen könne dabei wenig oder nichts helfen, namentlich nicht die Methoden der Cossisten. „Möge Gott meine Bestrebungen unterstützen, daß all' die Zeit, die von so vielen mit Cossischen Dingen verloren wird, auf die Erfassung des wahren, vernünftigen Sinnes jener Fragen verwendet werde."

IV. Nachschrift [zum vorigen Brief].

Kepler dankt dem Abraham Bartolus für das ihm durch Ph. Müller übermittelte Geschenk seiner „Musica Mathematica" und bittet Müller, da er Bartolus nicht weiter kennt, um Vermittlung einer Aussprache über diese Schrift. Eine solche hält er für notwendig, weil ihm Bartolus der erste zu sein scheint, der sich öffentlich über die Bedeutung harmonischer Verhältnisse bei den Stellungen der Planeten ausspricht und ihnen eine Einwirkung auf die Witterungsverhältnisse einräumt. Da Kepler glaubt, er habe mit seinen verschiedenen Schriften, insbesondere mit seiner Harmonice mundi dem Bartolus als Führer gedient, so muß er darauf achten, mit welcher Geschicklichkeit jener seinen Spuren gefolgt ist; wenn nicht im allgemeinen Interesse, so doch in seinem eigenen, denn es soll doch der Leser den Sinn einer philosophischen Betrachtungen lieber aus seinen eigenen Worten entnehmen als von denen, die ihm zu folgen scheinen.

„Da möchte ich denn, fährt Kepler fort, vor allem von dem vortrefflichen Mann, bei dem Wohlwollen, das er mir gegenüber bewiesen, erfahren, aus welchen Gründen er jenen Abständen der guten Planeten am Tierkreis eine Einwirkung zuschreibt, die sich zum ganzen Tierkreis verhalten, wie sich die Differenz der Längen zweier Saiten von derselben Spannung — die einen Wohlklang ergeben — zur längeren Saite verhält. Entweder wurde er dazu veranlaßt durch reine Erfahrung, indem er die einzelnen Intervalle mit den Wetterverhältnissen verglich, oder durch reine natürliche Speculation, oder abwechselnd durch beide miteinander, oder schließlich, er folgt mir als seinem Gewährsmann. Wenn er sich allein auf die Erfahrung stützt, so wolle er dies mit klaren Worten sagen. Auch bitte ich ihn, mir womöglich einzelne bestimmte Angaben über die von ihm angestellten Untersuchungen zu machen. Wenn er einer rein vernunftmäßigen Begründung folgt, welcher Art ist diese? Denn auch sie möchte ich mir auseinandersetzen lassen. Weil ich selbst der Erforschung der Vernunftgründe ein ganzes Buch gewidmet habe, reizt es mich um so mehr, die Gedanken anderer kennen zu lernen und sie mit meinen eigenen zu vergleichen.

„Ich selber habe eine gemischte Methode benützt. Die primären Aspekte habe ich auf Grund der Beobachtungen der Alten übernommen; zu ihrer Begründung habe ich mich von Ptolemäus und Cardanus führen lassen. Die Ursachen, denen ich sorgfältig nachgeforscht und die ich aus der Urquelle der „ersten Philosophie" abgeleitet und so erweitert habe, führten mich zuerst auf den Gedanken, daß es noch weitere wirksame Aspekte gibt. Diese weiteren Aspekte

habe ich an den Witterungsverhältnissen erprobt. So habe ich durch Pro-
bieren noch den $^1/_{12}$ und den $^5/_{12}$ Aspekt entdeckt, und zwar nicht nur ich
allein, sondern auch andere in Basel und in Belgien. Ich sah nun, daß ich
bis dahin bei der Ergründung der Ursachen mich einigermaßen hierhin und
dorthin habe treiben lassen. Ich ging daher zur natürlichen Ordnung der
Ursachen zurück und umfaßte damit auch jene Aspekte, welche die offenkun-
digste Erfahrung aufgedeckt hatte, schloß dagegen jene aus (die $^3/_8$ Aspekte),
welche zwar die erste Betrachtung auf Grund der Ursachen angenommen, die
Erfahrung aber in Zweifel gelassen hatte. Unter denen aber, welche ich
belassen hatte, setzte ich eine wiederum mit der Erfahrung übereinstimmende
Rangordnung fest, so daß der $^1/_{10}$ und der $^3/_{10}$ Aspekt nach dem $^1/_{12}$ und
$^5/_{12}$ Aspekt Berücksichtigung fand. Das war meine Methode."

„Ich möchte nun auch Bartolus' Methode kennen lernen, wenn er sich
selber als Entdecker seiner Intervalle bekennt. Wenn er sich aber (das war der
vierte Fall) auf mein Beispiel beruft, nun dann verdient er wegen seines
Eingehens auf meine Schriften, daß ich ihn daran erinnere, daß ich nicht ganz
verstanden worden bin, weder in meinen ersten Betrachtungen, die ich im Mysterium und im „Neuen Stern" angestellt habe, noch in den späteren voll-
endeten Speculationen, die sich in den Prolegomena zu den Ephemeriden
und in den Harmonischen Schriften finden."

„Soweit sich zeigt, schneidet er den ganzen Tierkreis am Ort eines einzelnen Planeten auseinander, denkt sich ihn in die Länge ausgestreckt und
vergleicht ihn so mit einem Monochord. So viele Stellen sich nun längs des
ganzen Monochords befinden, die kunstgerechte Töne ergeben, so viele Oerter
setzt er fest, an denen sich ein anderer Planet befinden kann, um mit dem,
der, wie vorhin gesagt, am Anfang steht, einen wirksamen Aspekt zu bilden.
Ich habe im Mysterium dieselbe Vergleichung des in Gedanken geradlinig
ausgezogenen Tierkreises mit einem Monochord durchgeführt. Aber nicht
alle Oerter, die kunstgerechte Töne ergeben, habe ich zu Aspekten gemacht,
sondern nur solche, die Wohlklänge bestimmen. So ergaben sich mir damals
die folgenden Intervalle:"

G	b	h	c	d	dis	e	g
0	60	72	90	120	135	144	180
☌	✳	✲	☐	△	⚎	✸	☍

„Allein später erkannte ich, daß ich nicht recht hatte, den Tierkreis als
gerade Linie zu betrachten:

„Es liegt nämlich den Aspekten und den Wohlklängen des Monochords eine einzige gemeinsame Ursache zu Grund, die im Kreis zu suchen ist, insoferne er noch geschlossen und als solcher das wahre Sinnbild der Seele ist. Diese Ursache erzeugt zunächst innerhalb des Kreises selbst die wirksamen Aspekte; sodann, infolge der gewissermaßen aus dem Kreise hervorgegangenen Analogie zwischen Monochord und Kreis, und unter Beachtung weiterer aus der Abwickelung in eine Gerade folgender Eigenschaften, einmal die Harmonien des Monochords selbst, und aus der Vergleichung dieser die anderen kunstgerechten, gewissermaßen sekundären Intervalle. Daher können diese kunstgerechten Intervalle (die mißtönend sind) nicht Erzeuger von Aspekten sein, sondern sie sind Enkel oder Urenkel der harmonischen Schwestern der Aspekte.“

„Was ist nun jene erste Ursache?“

„Die Teilung des Kreises durch eingeschriebene reguläre Figuren, so daß einerseits der Kreisbogen einen rationalen Teil des ganzen Kreises ausmacht, andererseits die Seite der Figur durch den Durchmesser meßbar ist mit Hülfe einer „erfaßbaren Konstruktion“ von gewisser Stufe der Verwandtschaft zum Durchmesser. Damit liefern Aspekte nur ausgezeichnete Figuren von „erfaßbarer“ Art, ausgeschlossen aber sind die „nichterfaßbaren“ [nicht konstruierbaren], weil sie [als solche] nicht existieren. Weiter werden solche ausgeschlossen die nur auf höherer Stufe konstruierbar sind.“

Wirksame Aspekte werden sonach geliefert von jenen Intervallen des Tierkreises, die durch die Seite des Zwölfecks ($^1/_{12}$), und die 4 Ecken desselben überspringende Diagonale ($^5/_{12}$), durch die Seite des Zehnecks ($^1/_{10}$), und die 2 Ecken desselben überspringende Diagonale ($^3/_{10}$), durch die Seite des Vierecks und die des Dreiecks bestimmt werden. Unter diesen haben die Intervalle $^1/_{10}$ und $^3/_{10}$ ihre Stellung nach den anderen. Es kommen freilich auch die Seite des Achtecks und die 2 Ecken überspringende Diagonale ($^3/_8$) noch hinzu, aber diese Intervalle sind noch um eine Stufe niederer als die Intervalle $^1/_{10}$ und $^3/_{10}$. Somit ergeben sich mir die folgenden Aspekte:

1. Klasse	30⁰		60⁰	72⁰	90⁰		120⁰		144⁰	150⁰	180⁰
2. Klasse		36⁰				108⁰					
3. Klasse			45⁰				135⁰				

| ✳ | $^1/_{10}$ | $^1/_8$ | ✶ | ✴ | □ | $^3/_{10}$ | △ | ⧉ | ✡ | $^5/_{12}$ | ☍ |

Durch diese Festsetzung wird die Begründung der Aspekte getrennt von der Begründung der Harmonien und was ich im „Mysterium“ zum Vergleich der Harmonien mit den Aspekten angeführt habe, das kam den

Aspekten zufälligerweise zu. Wenn wir die Aspekte mit dem Haus Oesterreich vergleichen, die Harmonien mit einem Freiherrngeschlecht in Oesterreich, so ist das Haus Oesterreich nicht deswegen ausgezeichnet, weil es in entferntem Grad mit jenem Geschlecht verwandt ist, sondern umgekehrt, die Freiherrn sind dadurch gehoben, daß sie in Verwandtschaft zum Hause Oesterreich stehen.

Diesen Gedankengang wolle Herr Bartolus in Zukunft einschlagen, wenn er ihn bisher noch nicht ganz erfaßt hat, soferne er sich mit meiner Autorität decken will; wenn er aber, wie gesagt, eigene innere Gründe und eigene Erfahrung besitzt, wohlan, so steige er in die Arena und messe sich mit mir im Ringkampf über die wahren inneren Gründe oder mit dem Kampfriemen der Erfahrung.

Ich habe hier zwei Hauptpunkte nicht berührt: erstens die Teilung des Monochords und zweitens den Anfang mit e.

Ich habe meine Zahlen nach dem Gehör bestimmt. Teilt man das Monochord in 720 gleiche Teile, so entstehen genau dreifache Harmonien durch folgende Teilungen:

$$600, \ 576, \ 540, \ 480, \ 450, \ 432, \ 360.$$

Da hier zwischen 480 und 600 — wie sich ebenfalls nach dem Gehör ergibt — dieselbe Harmonie besteht, wie zwischen 576 und 720, so besteht sowohl hier wie dort dasselbe Zahlenverhältnis. Es folgt, daß auch das Intervall zwischen 576 und 720 auf dieselbe Weise harmonisch zu teilen ist, wie das Intervall zwischen 480 und 600 in natürlichem Verhältnis durch die Zahl 540 geteilt ist. Deshalb habe ich in natürlicher Teilung das Intervall zwischen 576 und 720 durch die Zahl 640 geteilt. Aus dem gleichen Grunde auch das Intervall 360—450 durch die Zahl 405. So erhalte ich für die feststehenden Töne in beiden Tongeschlechtern die Zahlen:

$$360 \quad 405 \quad 480 \quad 540 \quad 640 \quad 720$$

zu denen zwei bewegliche Töne hinzukommen, d. h. solche, die in den verschiedenen Tongeschlechtern verschieden gebildet werden:

in Moll	450	600
in Dur	432	576

Wenn Bartolus eine andere Teilung des Monochords befolgt, so möge er sich entweder auf das Gehör stützen oder innere Gründe dafür angeben. Denn für mich spricht außer dem Gehör noch die dreifache Ordnung der Zusammenklänge und die Vergleichung eines noch nicht geteilten Intervalls mit einem geteilten. Wenn das Urteil des Gehörs ohne diese Stütze wäre, würde es bezüglich dessen, was bei den höchsten und tiefsten Intervallen kunstgerecht ist, unsicherer und zweifelhafter sein.

Wenn Bartolus gleich an unterster Stelle einen Halbton hat, so macht das nicht viel aus. Nur sage er nicht, die an der Stelle des Halbtons berührte Saite bilde drei Zusammenklänge, wie ich dies von anderen natürlichen Teilungen behaupte. Bei ihm handelt es sich nicht um den natürlichen Anfang, sondern um den herkömmlichen, und das ist ihm gestattet. Die von mir angegebene natürliche Teilung des Monochords aber habe ich der Praxis der Musiker selbst entnommen. Er müßte also meine Gründe im III. Buch der Harmonik entkräften.

3. Text der beiden wiederaufgefundenen Briefe.

I. J. Kepler an J. Seussius. [Linz], 15. Juli 1622.

Paris. Bibliothèque Nationale, Nouv. acqu. lat. Cod. 1635. Original Fol. 92ᵃˑᵇ; 93ᵃˑᵇ.

Abschrift Fol. 94ᵃˑᵇ; 95ᵃˑᵇ.

S[alutem] P[lurimam] D[ico].

Gratissimum mihi munus in grata materia curatore gratissimae memoriae a gratissimo congerronum, quos unquam expertus sum, Idus Juliae nostrates attulerunt: Pro quo responsum tibi levidense, Seussi amicissime, quin reponerem, perque eadem vestigia remitterem, facere aliter non potui. O lepidum Milleri nostri ingenium, emunctum judicium, providam et circumspectam cautionem, ut omnia egregia, extraque querelam posita! An unquam accidit, ut duo penitus idem sentiant de re eadem. Ego tamen ad unguem idem sentio, nisi quod non tantum mihi patientiae sumsissem unquam, sive rogatu, sive imperiis quibuscunque adactus, ut hanc Camarinam moverem nomen professus. Edidi quidem anno 1620 Ulmae simile quid in Felgenhauerum Bohemum et Tilnerum Saxonem, novissimae diei nuncios, ex subductione calculi chronologici, sed piguit operis, nomen praefixi Kleopas Herennius, in dedicatione Helenor Kapuensis, in conclusione Raspinus Enkeleo [Randbemerkung Keplers:] (Anagrammata nominis Kepleriani.), quibus adjecit curator typi Hebenstreitus, rector scholae Ulmanae (ille Faulhaberi similis insecti, usitatae infoelicitatis Antagonista) [Randbemerkung Keplers:] (Qui picem sc. tetigit.), duo alia Phalaris von Neesek, et Noe alcuin praeses. Auctarium addidi ex eodem penu depromptum titulum operis, Kanones pueriles. Sed inter causas fuit celandi nominis, quia veritus sum ne genti theologorum non omnia libelli membra probarem. Scilicet defuit mihi Milleri nostri discretio, aut dic tu latinius

aliquid ex Cicerone. Quin etiam nuper magna causa fuit insurgendi in som-
niatricem hanc philosophiam, cum Robertus de Fluctibus, τερατόλογος insignis,
invectivam edidisset in appendicem operis mei Harmonici, cui respondi typis
publicis. Quamvis vero scriptor ille omnibus lineis provocasset meam pati-
entiam in somnia sua ψευδοερμητικὰ, ego tamen propositum tenui. Uno solo
loco mei ipsius oblitus, fratres roseae crucis, quos identidem crepat, pulsavi,
exprobratione lucifugii levissima. Tetigi montes; immane quantum fumiga-
verint, in ejus replica hujus anni. Ut minatur, ut mala mihi praedicit
sinistra cornix!

Non cogito funem hunc trahere diutius. Est hominis oratio similis
philosophiae, quam profitetur; historiam somnii diceres ex membris male
(S. 92ᵇ) cohaerentibus; aut sequelam fabularum [metamorphoseos.]¹) Ipse sibi
cludit auditorium, nullum mi[hi incommodum ab] hoc scripto etiam neglecto.
Paenituit pro[fecto fidei typogra]pho datae, cum superiori Augusto versare[r
in perscribendo] responso meo; usque adeo indigna responsi[one visa est
forma] ipsa et stilus libelli invectivi. Sed ad Millerum nostrum!

Thesi XXV allegat, probantis oratione, imaginem Crucis a me in Cygnum
inductam. Atqui sciat, Rudolpho Caesari factum illud meum impendio dis-
plicuisse. Ipse etiam Tycho, nescio quo superstitionum superstitioso odio,
queritur alicubi in Progymnasmatis scriptorem, nescio quem, Christum denuo,
infandum dictu, inter astra crucifigere. Ipse tamen Sedem Romanam in Cassio-
peae sidere pingit.

Thesi XLVI omne tulit punctum, quippe et docet alios, et me delectat,
dum reputo, quam ille sollicite mihi caverit, qui de nova stella defendo
tacitam συνθήκην seu condescensionem (latine dedisco) Dei ad opiniones hominum: libro de Cometis, Imperium Romanum in septem trionibus, ad tempus sc. quod cometa occupavit, adumbro. Si tamen hic mihi cautum non
vult, haud equidem invitum ad confessionem adiget [Randbemerkung Keplers:]
(Nam sola condescensione nitor); nec dolor est in ea, cum socium poenae
habeam Ambrosium Rhodium, qui mirum quam amplam et magnificam scenam
struxerit in Ara et Thuribulo. Velim excitares Millerum, ut mecum per literas
colloquatur [Randbemerkung Keplers:] (Posta non est oneranda, nuper pro tuis
carminibus perlatis florenum exegerunt cursores.); deque capitibus ultimis libri
mei de stella nova judicium suum (quod omnino magni facio, ut defaecatum
et igne rationis exsiccatum) mihi communicet. Si minus hoc placet (quanquam obsecro) materiam habet opimam ex Harmonicis meis exque Epitomes

---

¹) Die mit [ ] eingeklammerten Stellen sind in den Originalbriefen, um die dort befindlichen
Stempel des dépot de la Marine zu entfernen, herausgeschnitten und hier aus den Abschriften ergänzt.

libro IV, etiamque libro I [Randbemerkung Keplers:] (Quam tacitam laudat Th. LVIII.).

Thesi LIV agnosco Arndum, et quid si gemitus etiam ipsius Milleri, dolentis immisceri hanc sanctam animam, ejusque meditationes tam necessarias quam neglectas, immisceri inquam fanaticis. Hoc scilicet est cum Manichaeis et Gnosticis ipsum Christianismum, cum Anabaptistis ipsam reformatam religionem exterminare.

Sed claudo epistolam, Milleri cum Epiphonemate:

Omnia plena malis, FASTIque, audaxque CATHEDRA.

Tibi quoque pro te gratias ago, teque vicissim remuneror me, sed opus Argentina me petas a Perneggero professore, sane quoque capitosum; sed vitium scite excusat Lansius in epigrammate subjuncto.

Vale corculum. Idibus Iuliis 1622.

Ex[cellentiae] T[uae]

amicus
Imp. Caes. Ferdinandi II
ordinumque Austr. Supranisanae
Mathematicus
J. Kepler.

P. S.

Incredibile dictu quibus tormentis excruciata fuerit fama mea misera per meam in Wirtembergia, familiae Ratisponae absentiam annalem. Rogo te, amice, recensione eorum, quae ad tuas aures pervenere, aperias mihi fores ad detergendas maculas, si qua forte haeserit.

Scripsi ad te anno 1620 mense Augusto, dedita jam Supranisana Austria, rogo num acceperis; nam nonnihil refert ut sciam.

Nobili Excellentissimoque Viro
D. Jo. Seussio, Serenissimo Electori
Saxoniae a Secretis Ecclesiasticis,
D. Affini et Fratri meo charissimo

pr. 28. Julii 1622.   Dresden.

Prag in der Apoteckh in der Sporrergassen umb weittere Beförderung einzugeben.

II. Ph. Müller an J. Kepler. Leipzig, 3. August 1622.

Erstmals veröffentlicht in den Epistolae, S. 695 ff. Abgedruckt in den Opera, Bd. V, S. 66 ff.

III. J. Kepler an Ph. Müller. [Linz, nach dem 3. September 1622.]

Original auf der Sternwarte in Pulkowa. Keplermanuskripte, Bd. I.
Ein zweites, unvollständiges Original in Paris, Bibliothèque Nationale.
Nouv. acqu. lat. Cod. 1635. Fol. 102ᵃ˒ᵇ; 103ᵃ˒ᵇ.

Erstmals veröffentlicht in den Epistolae, S. 698 ff. Abgedruckt in den Opera, Bd. V, S. 68 ff. und Bd. VI, S. 74 ff.

IV. „Postscripta" zum vorigen Brief.

Paris, Bibliothèque Nationale. Nouv. acqu. lat. Cod. 1635. Original Fol. 104ᵃ˒ᵇ.

Abschrift Fol. 105ᵃ˒ᵇ—108ᵃ.

Post scripta.

Abrahamo Bartholo gratias ago pro munere transmisso. Id quia per te accepi, nec de loco vel conditionibus ejus viri mihi quicquam praeterea constat: te internuncio, adeoque et arbitro et censore censui cum ipso super instituto ejus conferendum. Id adeo videor necessario et publice facere debere: quia primus is est, quod sciam, qui in praxi publica Harmonias inter planetarum configurationes recipit, eisque efficaciam in meteoris tribuit. Quam ad rem cum ego illi me ducem fuisse existimem, cum in promiscuis meis scriptis, tum praecipue in lib. IV. Harmonices mundi, ad meam curam pertinere puto, qua quilibet dexteritate vestigia mea sequatur. Id enim si non utilitas publica exigit (quia erunt, qui rem controversam statuentes, nihil ejus interesse putabunt), at certe postulare videtur mea ipsius necessitas: ne lectores sensum philosophiae meae ex iis potius, qui me sequi videntur, quam ex meis ipsius verbis aucupentur.

Hoc igitur ex clarissimo viro, pro ea quam demonstravit in me benevolentia, scire desidero, quibus causis motus efficacitatem tribuat iis bonorum planetarum intervallis in zodiaco, quae sic se habent ad totum zodiacum sicut se habet differentia longitudinis duarum chordarum ejusdem tensionis (quae quidem sonos concinnos reddunt) ad longissimam? Aut enim ad hoc institutum adductus est per meram experientiam singulorum intervallorum cum tempestatibus comparatorum, aut per meram rationem naturalem, aut per utrumque alternis et mixtim, aut denique me authorem sequitur. Si meram allegat experientiam, rogo id dissertis affirmet verbis; rogo etiam, si fieri potest, communicet mihi documenta quaedam particularia, examinis hujus a se instituti. Si meram rationem sequitur; quaenam ea? Nam et illam mihi cuperem explicari. Quia enim huic rationis investigationi ego quoque librum integrum indulsi: tanto magis instigor videre et comparare aliorum etiam cogitationes cum meis. Nam ego quidem mixtam methodum incessi. Aspectus primarios recepi ex fide observationis veterum, ad causas eorum me passus sum adduci a Ptolemaeo et Cardano. Ex causis diligenter excultis, exque summae philosophiae primo fonte derivatis et sic ampliatis, primo suspicionem concepi efficaciae plurium aspectuum. Eos plures aspectus periclitatus sum in meteoris. Periclitando adhuc plures efficaces deprehendi, Semisextum et Quincuncem, nec ego solus, sed etiam alii, Basileae et in Belgio. Vidi igitur me hactenus in causarum indagatione nonnihil impegisse in regulas κατ' αὐτό et κατ' ἄλλο. Reversus igitur ad constitutionem genuinam causarum, complexus iis sum etiam illos quos experientia evidentissima detexerat, eos vicissim exclusi (sesquadros), quos primae ratiocinationes ex causis stabiliverant, experientia in dubio reliquerat: Inter eos vero, quos complexus fui, ordinem graduum stabilivi, experientiae rursum congruum, ut decilium et tridecilium respectus esset post semisextos et quincunces. Haec mea fuit methodus. Cupio nunc etiam Bartholi methodum addiscere, si suorum intervallorum ipse se perhibet authorem. Sin autem, quod erat quartum, ad meum provocat exemplum, equidem meretur mei studio, ut ipsum admoneam, me non esse ex toto perceptum, neque in primis meis rationibus, quas in Mysterio et De stella nova proposui; neque in posterioribus consummatis, quae sunt in prolegomenis Ephemeridum, et in Harmonicis. Quantum enim apparet, ipse circulum Zodiacum totum, in loco unius planetae sectum inque longum mente extensum, comparat Monochordo, et quotcunque sunt loca per totam longitudinem monochordi determinantia sonos concinnos, tot facit loca, in quibus consistens alius planeta, cum eo, qui principium supra dicebatur obtinere, aspectum efficacem conformet. Hic ego quidem in Mysterio comparationem eandem sum secutus Zodiaci in longum mente extensi cum Monochordo. At non omnia loca, quae concinnos sonos reddunt, converti in aspectus, sed sola illa, quae sonos consonos determinant. Itaque haec mihi tunc prodierunt intervalla:

G	b	h	c	d	dis	e	g
0	60	72	90	120	135	144	180
☌	⚹	✶	□	△	⚛	⚜	☍

At posterius deprehendi, me non recte considerasse Zodiacum ut lineam rectam; esse enim causam unam et eandem, communem et aspectibus et consonantiis monochordi, quae in circulo inveniatur, quatenus is adhuc circu[lus est continuus,] eoque nomine genuinus character animi. Eamque causam prim[um intra] circulum ipsum gignere aspectus efficaces; posterius propter compara-[tionem recti] Monochordi cum circulo, quasi egressam e circulo, et adscitis a[liis ex rectitu]dine orientibus, seorsim gignere Harmonias Monochordi, [ex harmo]niis inter se comparatis, intervalla concinna alia tanqu[am secunda]ria. Itaque concinna haec intervalla (quae dissona) non p[osse esse Ma]tres Aspectuum, sed esse neptes et proneptes ex sororibus aspectuum harmoniis. Quaenam igitur illa causa prima? Divisio inquam circuli per figuras inscriptas, sic ut et arcus circuli sit pars totius effabilis, et latus figurae cum diametro comparabile in certo gradu propinquitatis ad proportionem aequalitatis. Hoc enim pacto aspectus suppeditant figurae tantummodo nobiles, et quae habent scientialem seu mentalem essentiam, excluduntur e numero simpliciter eae, quae sunt non-entia mentalia, hoc est, quae sciri non possunt ex natura sua, excluduntur secundum quod eae, quarum mentales essentiae longius seu per plures gradus scientiae recesserunt a proportione aequalitatis. Aspectus igitur efficaces definiunt ea intervalla Zodiaci, quae determinantur latere duodecanguli et subtensa quinque lateribus ejus, latere decanguli et subtensa tribus lateribus ejus, latere sexanguli, quinquanguli et subtensa duobus lateribus ejus, latere quadranguli, trianguli.

Ex his $\frac{1}{10}$ et $\frac{3}{10}$ stant post principia. Accedunt quidem et latus octanguli et subtensa tribus ejus lateribus, sed recedunt uno gradu remotius a proportione aequalitatis quam ipsi $\frac{1}{10}$ et $\frac{3}{10}$. Ergo hi mihi suppeditantur Aspectus

Primi	30			60	72	90		120		144	150	180
Secundi		36					108					
Tertii			45						135			
	※ Decilis	Sesquadrus	✳	✶	□	Tridecilis	△	♯	✡	Quincunx	☍

Hoc pacto ratio Aspectuum separatur a ratione Harmoniarum: quodque Harmonias in Mysterio comparavi Aspectibus, id fuit per accidens ipsis Aspectibus. Et si Aspectus comparemus domui Austriacae, Harmonias uni familiae Baronum in Austria, non ex eo nobilis est domus Austriaca, quia Baronum illorum consanguinea in remoto gradu, sed vicissim Barones illi tanto nobiliores, quod domum Austriacam attinent consanguinitate.

Hanc rationem D. Bartholus, si minus hactenus intellexit, rogo posterum sequatur, siquidem mea se vult authoritate munire; sin autem, ut initio dixi, proprias habet rationes, propriam experientiam, age descendat in arenam, mecumque experiatur seu lucta rationum seu caestu experientiae.

Non attigi hic duo alia capita, primum de divisione monochordi, alterum de initio facto ab E. Nam ego quidem numeros meos depromsi ex judicio aurium. Diviso Monochordo in partes 720 aequales, fiunt harmoniae perfecte triplices in his divisionibus: 600. 576. 540. 480. 450. 432. 360. Hic quia inter 480 et 600 iisdem auribus judicibus est harmonia eadem, quae inter 576 et 720, eadem vero et proportio inter numeros hic et illic. Sequitur ut etiam proportio inter 576 et 720 eodem modo harmonice dividatur, quomodo est divisa proportio inter 480 et 600 naturaliter, sc. per numerum 540. Quare et ego naturam ducem secutus, divisi intervallum inter 576 et 720 similiter, per numerum 640. Eademque de causa etiam intervallum 360. 450, per numerum 405. Fiuntque mihi soni stabiles in utroque genere cantus 360. 405. 480. 540. 640. 720, quibus accedunt duo mobiles, id est, alii facti in alio genere cantus, in molli 450. 600, in duro 432. 576. Hic si Bartholus sequitur aliam rationem dividendi monochordi, alleget aut judicium aurium aut rationes. Nam ego mearum aurium judicium adjuvi per triplicationem concordantiae et per comparationem intervalli nondum divisi cum diviso. Si sine hoc adjumento esset, aures id, quod concinnum in vocibus, pene summa et penima judicarent incertius magisque dubie.

Quod Bartholus imo statim loco semitonium habet, id est parvi momenti. Non utique dicet, Monochordum tactum in loco semitonii reddere tres concordantias, ut ego de aliis naturalibus divisionibus dico. Non igitur agit de naturali initio, sed de usuali; idque ei licet. Quod vero ego meo naturaliter diviso monochordo radicem statuo G, causas adduxi ex ipsa praxi musicorum: Illa Dassius narret; diluat ergo rationes meas in libro III Harmonicorum.

4. Anmerkungen zum Text der beiden Briefe und literarische Notizen.

I. Brief an J. Seussius.

1. Zu Seite 17 und 27: Nageliana.

Die Pagellae anti-Nagelianae von Philipp Müller waren trotz mehrfacher Umfrage bei den deutschen Bibliotheken nicht aufzufinden. Mehrfach vorhanden sind dagegen die folgenden auf Astronomie bezüglichen Schriften Ph. Müllers: De orbibus, problema physicum, quo universa coeli natura propemodum exhauritur. Lipsiae. 1609 (168 Thesen). — De cometa anni 1618, commentatio physico-mathematica. Lipsiae 1619. — Hypotyposis cometae nuperrime visi, una cum brevi repetitione doctrinae cometae. Lipsiae 1619. (219 Thesen). — Es ist immerhin merkwürdig, daß in dem Briefwechsel mit Kepler auf diese Publikationen gar nicht Bezug genommen wird, zumal Müller doch in dem Brief vom 3. August 1622 über seine eigenen Bestrebungen auf mathematischem und astronomischem Gebiet berichtet.

Streitschriften Nagels, welche den Grund zu zahlreichen Gegenschriften gebildet haben, sind von Frisch in den Opera, Bd. VI, S. 33 aufgeführt. Wir erwähnen hier noch weiter als einschlägig die Abhandlungen: „Stellae prodigiosae seu cometae observatio et explicatio" (1619) sowie „Ander Teil des 1618 erschienen Kometen". — „Prognosticon Astrologo-Cabalisticum" (1619). — „Prodromus Astronomiae Apocalypticae, welcher uns fürstellet die gewisse wahrhafftige Fundament der Weissagung" (1620). In letzterem wird in 42 demonstrationes der Beginn des „goldenen Jahres" auf das Jahr 1666 (d. i. tausend-jähriges Reich und Zahl des Thieres, 666. Vgl. Offenbarung Johannis cap. 13, 18; 15, 2; 20, 7) prophezeit. Endlich „De quatuor mundi temporibus" (1621). Unter den Gegen-schriften besonders den „Antinagelius" des Ph. Arnold (1622).

Der ausführliche Titel der Entgegnung Nagels auf den Sendbrief von Crüger sei noch angeführt. Er lautet: Astronomiae Nagelianae fundamentum verum et principia nova: In welchen durch etzliche Fragen sonderliche Geheimnis proponirt und reservirt werden. Da denn auch probirt wird, daß Apocalypsis ein Astronomisch Buch sey und wie vera Astronomia im selben tradirt werde. Item. Was zu halten von der Magia, Cab-balah und Computation Nagelii, etc. also in einer Apologia wider den Sende Brieff M. Petri Crügeri Astronomi zu Dantzig proponirt und fürgestellet durch M. Paulum Nagelium Lips. Mathematicum" (1622).

Der Streit Crügers mit Nagel wird mehrfach in den oben erwähnten Briefen Crügers an Ph. Müller besprochen. In dem ersten dieser Briefe, von Ostern 1620 datiert (Biblio-thèque de l'Observatoire de Paris Nr. 89, 9. B. **24** des Verzeichnisses (s. S. 11) erwähnt Crüger, daß er auf Nagels Angriffe erwidern müsse und dies, da sein Calendarium und Prognosticum für das kommende Jahr schon gedruckt sei, in einer besonderen Schrift tun wolle, wie er auch Müller bittet, was er dazu zu sagen hätte, zu veröffentlichen. Er schreibt dort:

„Nagelius (hunc jam praepono Kepplero) quod in me moliatur, ignoro. Vix tacebit. Nam et fratres R. C. [Rosae Crucis] contra me defensare incepit. Legistine quomodo? „Mein Reich ist nicht von dieser Welt, nämlich (ait bellatulus) von der Welt die dazu-mal ware. Nun aber, da Christus regieren wirdt, ist eine andere Welt."

„Egregie! Sed expecto nuncium ejus alterum. Calendarium et Prognosticum meum ad annum futurum jam perfeci. Typis describetur intra Pascha et Pentecosten. Quod si igitur impresso jam Prognostico Nagelius contra me evolaverit, peculiari scripto me de-fendam opus erit. Tu quicquid calamo vel animo hac de re concepisti, bono publico evulga."

Im späteren Briefwechsel mit Crüger kommt Kepler gelegentlich auf Nagel zurück. In dem mit der ganzen Freude an humorvoller Darstellung geschriebenen „Discurs von der großen Conjunction [Saturni et Jovis] und allerley Vaticiniis über das 1623 Jahr" (Opera, Bd. VII, S. 697 ff.) hatte Kepler seine eigene gewissenhafte Methode der Prophe-zeihung vertreten gegenüber den „Geistischen Zahl-Propheten, Rechenmeistern und Caba-listisch-theologischen Astrologen, denen alles praedestinirt, was bey verständigen nur eine ohngefehre menschliche Observanz ist" und die gerne etwas „Nagelneues" hätten.

Crüger schreibt über diesen Discurs an Kepler (Brief vom 15./25. September 1623, Epistolae S. 449), indem er sein Erstaunen darüber kundgibt, daß dieser nun auch unter die Propheten gegangen sei:

„Gratias habe pro communicato tuo Discursu de conjunctione Saturni et Jovis. Video te illo ipso tangere Vates numerales: quorum praecipuus, quos quidem vidi, Nagelius est. Cujus quidem contra diastemata et instrumenta Tychonica nugas (id nominis omnino merentur) cum nondum videris, mitto tibi fundamentum ejus Astronomicum in me conscriptum, et vero etiam Rescriptum meum: quin et exemplar Epistolae meae (typis quidem et haec exarata erat, sed exemplaria omnia distracta sunt) qua motus fundamentum illud suum conscripsit."

Worauf Kepler (Epistolae S. 451) antwortet: „Nagelii nonnulla legi, at non ea quae contra Tychonem."

In einem weiteren Briefe (vom 28. Februar 1624, Epistolae S. 465) macht er Crüger Vorwürfe, daß er sich so eingehend mit Nagel beschäftige, statt sich mit seinen und Severin's Arbeiten kritisch zu befassen. Er schreibt:

Cum Nagelianum genium intus et in cute noverim ex pauculis ejus chartis dudum lectis, Epistolam tuam ad illum aliqua cum ira, Fundamentum ipsius ingenti cum animi fastidio legi: nec sine vocali expostulatione tecum absente, accessi ad lectionem rescripti tui: adeo te negligentem esse famae decorisque tui, qui cum palmam hoc temporis obtineas acuminis mathematici, non reserves existimationem tuam censurae potius mearum et Severini nostri lucubrationum, sed in certamen hoc lutulentissimum te demiseris: ubi sententiae vanissimi disputatoris, non pauciori numero volitent, nec melius cohaereant, quam Atomi Democriti. In vas plumis refertum insiliisse videris, ut cum iis pugnes, cumque ne guttam quidem sanguinis profuderis, oculi tamen et nares et fauces ipsae turpissima congerie obruantur. Hac igitur te particula indignationis meae justissimae impertiri volui, ne solus doluerim. Sed [fährt er tröstend fort] tamen et recreatus nonnihil fui, progressus in lectione rescripti tui, quippe in quo multa Crügero digna."

2. Zu Seite 17 und 27.

Ausführlicheres über den Streit mit Paul Felgenhauer und Jacob Tilner, der sich auf astrologische und chronologische Fragen bezog, findet sich von Frisch dargelegt in den Opera, Bd. IV, S. 173 f. Die gegen jene gerichteten „Kanones pueriles: id est Chronologia von Adam biss auff diss jetz laufende Jahr Christi 1620 . . ." sind ebendort S. 483—504 abgedruckt.

3. Zu Seite 18 und 28.

Robert Fludd oder Robertus de Fluctibus, Arzt in Oxford und eifriges Mitglied des Ordens der Rosenkreuzer beschäftigte sich mit alchymistischen und theosophischen Fragen und widmete sich dem Studium kabbalistischer Schriften. Seine mystische Naturanschauung entwickelte er in dem in den Jahren 1617—19 verfaßten vierbändigen Werk: „Utriusque Cosmi, majoris scilicet et minoris, metaphysica, physica et technica historia" (Oppenheim 1621) und in dem späteren „Philosophia sacra et Vere Christiana, seu Meteorologia cosmica."

In dem kurzen Appendix, den Kepler dem 5. Buch der Harmonice mundi zufügte (Opera, Bd. V, S. 328), wandte er sich gegen gewisse mystische Anschauungen des Engländers. Dieser erwiderte hierauf mit einer 1621 erschienenen Schrift mit dem bombastischen Titel „Veritatis proscenium, in quo aulaeum erroris tragicum dimovetur, siparium ignorantiae scenicum complicatur, ipsaque veritas a suo ministro in publicum producitur, seu demonstratio quaedam analytica, in qua cuilibet comparationis particulae in appendice quadam a J. Kepplero nuper in fine Harmoniae suae Mundanae edita, factae inter Harmoniam suam Mundanam et illam R. Fludd ipsissimis veritatis argumentis respondetur.‘

Kepler wandte sich gegen die Angriffe Fludds mit der im vorliegenden Brief angezogenen „Apologia adversus demonstrationem analyticam Cl. V. D. Roberti de Fluctibus“ (Frankfurt 1622) (Opera, Bd. V, S. 413—468). An Bernegger schreibt er hierüber (21. August 1621): „Respondi D. de Fluctibus ineptissimo libro; poenitet operae, sed promisi Tampachio.“ Fludd trat bald darauf mit einer neuen Gegenschrift auf den Plan, betitelt „Monochordium mundi symphoniacum seu replicatio Roberti Fludd etc.“ (Frankfurt 1623), worauf Kepler nicht mehr erwiderte.

An der erwähnten Stelle gegen die Rosenkreuzer (Opera, Bd. V, S. 459) macht Kepler diesen den Vorwurf, daß sie ihre Lehren im Geheimen verbreiten und mit dem Nimbus von Mysterien umgeben: „Mihi meique similibus mysteria tua perplexa sunt; id est mysteria culpa tua tuorumque, quos laudas, roseae crucis fratrum, qui „fugiunt ad salices et se cupiunt ante videri“ (Virgil). Auf diesen, ihn empfindlich treffenden Vorhalt entgegnet Fludd: „Fratres roseae Crucis majores profecto sunt, quam quibus malevolorum opprobria nocere possint. O quam corpore robustus esset Joannes, quam spiritu potens et fortis, qui fratres hos, philosophia et Theosophia eminentissimos, solo suo mutu cogeret, ut in hominum frequentiam prodirent . . .“, worauf sich Keplers „Tetigi montes . . .“ im obigen Brief bezieht, eine Anspielung auf Psalm 144, Vers 5 „. . . taste die Berge an, daß sie rauchen“.

4. Zu Seite 18 und 28.

In der 1606 erschienenen Schrift „De stella tertii honoris in Cygno, quae usque ad annum MDC. fuit incognita, necdum extinguitur“ schreibt Kepler (Opera, Bd. II, S. 762) in Betrachtung des Sternbildes: „. . . equidem cogitabam, in stellis Cygni, si Christianus aliquis de novo inciperet fingere imagines, aptissimam figuram inveniret crucifixi cum inclinato capite.“

5. Zu Seite 18 und 28: „Condescensio Dei“.

Das Wort „συνϑήκη“ findet sich für Vertrag, Bund im alten (nicht im neuen) Testament mehrfach an Stelle des gewöhnlich gebrauchten διαϑήκη auch für den Bund mit Gott (z. B. Weisheit Salomonis Cap. 12, 21).

Keplers Bemerkung (latine dedisco) zeigt, daß er bei der Übersetzung nach einem geeigneten Wort gesucht hat und consensus etwa nicht gebrauchen wollte, weil es ihm das Verhältnis Gottes zu den Menschen nicht richtig zu bezeichnen schien.

Keplers Vorstellung der „συνϑήκη oder condescensio Dei ad opiniones hominum“ ist besonders eingehend behandelt in der dem Kaiser Rudolf II. gewidmeten, 1606 erschienenen Schrift „De Stella Nova in Pede Serpentarii et qui sub ejus exortum de novo iniit, Trigono igneo“ (Opera, Bd. II, S. 611—750). Im Jahre 1604 trat im Schlangenträger ein neuer Stern auf und zwar zur Zeit einer großen Konjunktion von Jupiter und Saturn im benachbarten Sternbild des Schützen, da gerade auch Mars in dieses Sternbild eintrat. Dieses astronomische Ereignis war für die Astronomen und Astrologen von größter Bedeutung und veranlaßte auch Kepler, sich aufs genaueste damit zu beschäftigen, sowohl was astronomische und physikalische Beobachtungen und Betrachtungen anlangt, als auch die astrologische Bedeutung der Erscheinung. Bezüglich der letzteren ist für Keplers Anschauungen seine Stellungnahme Pico de Mirandola gegenüber besonders charakteristisch. Für die Stelle im vorliegenden Brief kommen vor allem Kapitel 26 „An fortuito concurrerit sidus hoc cum tempore et loco conjunctionis magnae" und die darauf folgenden in Betracht. Hier ist, was Kepler im gegenwärtigen Brief condescensio Dei nennt, genauer ausgeführt. Es heißt da (S. 709): „Credibile est igitur, eundem illum Dominum et Deum nostrum, cujus tanta fuit delectatio, tantum in aeternum erit commercium cum filiis hominum, etiamnum hodie non plane cessare a publica significatione suae de nobis curae, eamque significationem in nova stella propositam sic ordinasse et instruxisse per descriptionem temporis et loci, ut non posset nos, praesertim literatos et astrologos (quorum diaria hodie omnes, etiam infimi, legunt) vel latere vel non summopere commovere." Und im 27. Kapitel heißt es: „Si quidem quaesita sit haec congruentia loci et temporis, nemini eam nisi soli Deo transscribi posse" (S. 715). Es ist nach Keplers Denkart nur eine andere Nuancierung dieser Gedanken, wenn er (S. 713) sagt: „Magna est fiducia mentis ubicunque apparet ordo: cujus rei causa ex penitissimis geometriae fontibus petenda est."

Zusammenfassend schreibt Kepler über das astronomische Ereignis unter Zurückweisung einer bloß zufälligen Konstellation: „Dicendum igitur, quod securissime et plena fiducia pronuncio: associatum esse novum hoc coeleste prodigium ab ipso omnipotente Deo tribus planetis, Saturno, Jovi et Marti, tunc conjunctis, certo consilio ad hominum salutem directo. Hic enim Deus ille est, cui nihil in mundo neque magnum neque exiguum, cum omnium ipse unus auctor sit: qui genus humanum, in his contemtissimae glebulae angustiis habitans, suam tamen nihilosecius imaginem, praefert cuicunque stellae, si vel centies millenis vicibus illa totius orbis magnitudinem excederet. Qui ut locum et tempus magnae conjunctionis trium superiorum hoc veluti monumento ad perpetuam rei memoriam et ad commonefaciendum genus humanum de rebus maximis signaret: nulla sollicitudine, nullo labore, nulla fatigatione indiguit, ut tale quid crearet, quod a terricolis in forma tantae stellae cerni posset. Quam ad rem sive natura fuerit usus ministra, sive hunc veluti radium extraordinariae omnipotentiae exseruerit; utrinque illud verum est: „Ipse dixit et facta sunt; ipse mandavit et creata sunt". Ipse enim si naturae dicat, gigne, natura ante mortua ad gignendum facultatem animalem accipit, acceptaque gignit. Ipsum supplex precor, si tamen hoc fas precari, ut, siquidem res ipsi grata est futura, mihi quoque imperet enarrare hominibus, quid sibi velit haec stella, haec nimirum Dei digito in summo coelo exarata litera." In diesen Ausführungen kommt der gleiche Gedankengang zum Ausdruck, der schon im Mysterium cosmographicum zu Grunde liegt, die feste Überzeugung von der bestimmten Absicht Gottes, durch seine Weltordnung und durch bedeutungsvolle Erscheinungen in ihr auf die Menschen einzuwirken, und der Glaube an seine eigene Sendung.

Die Bemerkungen, die Ph. Müller in seinem Antwortschreiben vom 3. August über Keplers condescensio und über die „vis κριτικη sublunaris mundi" macht, haben zu den weiteren Ausführungen der Keplerschen Antwort geführt, die wir deshalb in der Inhaltsangabe zu den Briefen (S. 21) zum Teil wörtlich wiedergegeben haben.

6. Zu Seite 18 und 28: „De Cometis".

In der 1619/20 erschienenen Schrift „De Cometis libelli tres" behandelt Kepler den Lauf und die astrologische Deutung der Kometen der Jahre 1607, 1618 und 1619.

Sie sind für die Stimmung jener bewegten Zeit ganz besonders charakteristisch. Deshalb sei, was sich auf die Bemerkung des Briefes bezieht, hier wiedergegeben. Ein Teil der dortigen Ausführungen ist aus dem 1608 veröffentlichten „Ausführlichen Bericht von dem newlich im Monat Septembri und Oktobri diß 1607. Jahrs erschienenen Haarstern oder Cometen und seinen Bedeutungen" (Opera, Bd. VII, S. 23—41) in Übersetzung herübergenommen.

Im 3. Buch „De significationibus cometarum" (Opera, Bd. VII, S. 124) wie auch im „Ausführlichen Bericht" (Opera, Bd. VII, S. 37) wird der Lauf des Kometen angegeben: „sub priore pede Ursae coortus, ventrem Ursae rasit, transiitque et quasi medium Bootem secuit."

Über die daraus sich ergebenden möglichen Prophezeihungen drückt sich Kepler sehr zurückhaltend aus. Er sagt im „Ausführlichen Bericht" von 1608:

„Diss ist also die Beschreibung der Umbstände, mit welchen der Comet erschienen, welche alle und jede auff unterschiedliche Bedeutungen zu ziehen mißlich und ungewiß ist."

Und weiter:

„Wenn nun kundt oder von dem Leser für gewiß angenommen wird, daß diejenige Creatur, die den Lauff dieses Cometen geregieret, durch erzelte Umstände alle und jede etwas gewisses habe andeuten wollen [in der Übersetzung von 1618 bezeichnenderweise wesentlich bestimmter „si quis hoc sumit pro confesso, cursum hujus cometae cum iis circumstantiis, quibus est descriptus, seu ab intelligente aliqua creatura, seu ab ipso Deo conformatum esse in hunc finem, ut singulae circumstantiae significationi formandae servirent], so möchte demnach die Auslegung also angegriffen werden."

„Weil der Comet für sich gelauffen und nicht hinder sich, also bedeutet er einen Handel, der nicht zurücke getrieben, sondern behauptet werden solle; und weil er mit Anfang und End dem fewrigen Triangel verwandt, werde solcher Handel betreffen den jetzt schwebenden gemeinen Stand in Kirchen- und Regiments-Sachen, werde seyn nach des grössesten Hauffens Wundsch; und weil er auf den newen Stern [den eben erwähnten von 1604] zugeschossen, so werde dieser Handel Verwandtnuß haben mit den hiebevor im 1604. 1605. Jahrs angefangenen Sachen, und einen Weg bereiten zu der auß Andeutung des newen Sterns verhofften Reformation der Welt."

Kepler bringt sodann die in den Jahren von 1531—96 erschienenen Kometen mit den um der Religion willen entstandenen Wirren in Verbindung: „Und weyl bald hernach allerley Ungemach, Bewegung des Volks, Meuterey, Krieg, gewaltsame Hinderung oder gar Verenderung des alten und newen Kirchenwesens, und was sonst dem anhengig, erfolget, also ist es nicht unmüglich, daß uns jetzo abermal dergleichen in kurtzem durch diesen Cometen angedeutet werde, dann das jetziger Zeit in Europa der gemeine Lauff ist. Sonderlich will uns Deutschen bey so langwirigem Frieden die Weile fast lang werden, und begeben sich überall solcherley Anreitzungen, auß deren gleichen in den vergangenen Zeiten Krieg entstanden seynd."

7. Zu Seite 19 und 28.

Ambrosius Rhodius war Schüler und Assistent von Tycho Brahe und hat nach dessen Tod Kepler bei der Herausgabe der „Progymnasmata Astronomiae restauratae" Tycho Brahes unterstützt. Er wurde später Professor in Wittenberg. Die Schrift, auf die sich Kepler bezieht, ist betitelt „libellus de Cometa anni 1618" (Oeniponti). Rhodius hatte den Kometen in Wittenberg im Sternbild des Rauchfaßes und seines Rauches beobachtet und daran mystische Betrachtungen geknüpft.

8. Zu Seite 19 und 29.

Es handelt sich hier um den bekannten lutherischen Theologen Johannes Arnd(t), den Verfasser der weitverbreiteten „Vier Bücher vom wahren Christentum" (1610). Er schlug eine an die vorausgehenden Meister anknüpfende mystische Richtung ein und legte den Nachdruck auf ein Leben im christlichen Geist. Daher wurde er vielfach angefeindet, besonders von L. Osiander in Tübingen. Zur Zeit, als der vorliegende Brief geschrieben wurde, war er bereits tot. Er starb (1621) als Generalsuperintendent und Hofprediger in Celle. Kepler schätzte ihn, weil auch er dem Gezänk der Theologen abgeneigt war.

9. Zu Seite 19 und 29.

Der bekannte Straßburger Historiker und nächste Freund Keplers Matthias Bernegger (1582—1640) hatte im Jahre 1620, durch Keplers Gehilfen Janus Gringalletus übermittelt, ein Bild Keplers erhalten, das er einem Kupferstecher übergab. Es handelt sich im vorliegenden Brief offenbar um ein Exemplar des nach dem Bilde angefertigten Kupferstiches, welches Kepler Seussius verspricht. Dieser Stich scheint schlecht ausgefallen zu sein. Auf ihn bezieht sich das Epigramm des Tübinger Professors Lansius:

„Keppleri quae nomen habet, cur peccat imago?
Quae tanto errori causa subesse potest?
Scilicet est Terrae, Keppleri regula, cursus:
Per vim hic sculptoris traxerat erro manum.
Terra utinam nunquam currat semperque quiescat,
Quo sic Keppleri peccet imago minus."

Das Bild selbst wurde von Bernegger der Bibliothek der Straßburger Universität übergeben und dort aufgehängt. Vgl. Opera, Bd. VIII, S. 875, 876.

10. Zu Seite 19 und 29, P.S.

Kepler hatte sich im Herbst 1620 nach Württemberg begeben, wo seine Mutter als Hexe angeklagt, im Gefängnis saß. Schon im Jahre 1616 hatte er seine Mutter wegen ähnlicher Anschuldigungen schützen müssen, wobei es ihm begegnete, daß er selber „verbottener Künste bezüchtigt" wurde (Schreiben an Bürgermeister und Gericht der Stadt Löwenberg vom Januar 1616; Opera, Bd. VIII, S. 364). Der Prozeß gegen die Mutter zog sich sehr in die Länge, sodaß Kepler ein volles Jahr von Linz abwesend war. Den Grund für seine lange Abwesenheit hatte er nur sehr wenigen Vertrauten mitgeteilt. Da er in seinen Prognostiken, die er damals verfaßte, mit scharfen Mahnungen nicht zurückhielt und dadurch bei den Betroffenen Mißfallen erregte, bildete sich das Gerücht, er habe sich den Zorn des Kaisers zugezogen. Er schreibt darüber später an Crüger (Aus Linz, 9. September 1624; Epistolae, S. 461; Opera, Bd. I, S. 661) nach einer beweglichen Schilderung des gerichtlichen Verfahrens gegen die Mutter und „cum Deus finem vitae Matris et litis fecit aetatis anno LXXV": „At hic per meam absentiam spargebatur, me propter temeritatem Nagelianae similem iram meruisse Caesaris, cumque effugerim (paucissimis enim causam abitus mei credideram) magnam a Caesare summam constitutam in caput meum, quin etiam flammis tradita exemplaria Calendarii omnia, quod tunc fieri non potuit, cum nulla scripserim . . ."

Die Stelle, welche besonderen Anstoß erregt zu haben scheint, ist in dem Prognostikum vom Jahre 1618/19 enthalten und beginnt (Opera, Bd. I. S. 486) mit den Worten: „Ich weiß ein Thier, das ist generis neutri, das sitzt und prangt in den Rosen, sihet nur auff ein anders Thier, seinen Feind . . ." Über diese, von Kepler absichtlich zweideutig gehaltene Anspielung vergleiche man den Briefwechsel mit Johannes Remus (Leibarzt des Erzherzogs Leopold und dann des Kaisers Mathias) von 1619, einen späteren mit P. Crüger von 1624, sowie eine an den Jesuitenpater Guldin gerichtete Note.

J. Remus gibt in einem Brief vom 13. August 1619 an Kepler ein interessantes Stimmungsbild über die vom heiligen Offizium an den Schriften von Galilei und Kopernikus und an Keplers Epitome Astronomiae Copernicanae geübte Zensur und fährt fort: „Eodem modo et Copernicus correctus est saltem in principio primi libri per aliquot lineas: possunt tamen iidem, et hic quoque liber, (uti puto) Epitome scilicet, legi cum licentia a doctis et peritis in hac arte Romae et per totam Italiam. Unde non est, quod tibi timeas, nec in Italia, nec Austria: modo intra tuos limites te contineas, et affectibus propriis imperes; nescio enim, quae visa sunt de Cometa in Germanico Idiomate, (si modo tua sunt) quae aliquibus magnis Dominis non admodum placuerunt." (Epistolae, S. 517.)

Über die spätere Auseinandersetzung mit Crüger vergleiche Epistolae, S. 450, 471. Crüger frägt: „quodnam istud tandem animal generis neutri? concrede mihi sis in aurem." Und Kepler antwortet: „Non scripsi de Animali Generis Neutri, vanae gloriae causa, sed animo commodandi: quare et secretis literis admonui sedentes in cerebro animalis . . ." Zu diesen „secretis literis" gehört wohl unter anderen auch die an Guldin gerichtete Note — abgedruckt mit Keplers Briefen an Guldin in den „Jahrbüchern der Literatur", Wien 1848, Anzeigeblatt S. 16. — Vgl. weiter auch die Ausführungen von Frisch in den Opera, Bd. I, S. 658 ff.

II. Zu Seite 19 und 29. P.S.

Oberösterreich wurde im Sommer 1620 durch die Truppen der Liga unter Führung des Herzogs Maximilian von Bayern besetzt, Linz am 24. Juli. Die Unterwerfung der Stände erfolgte am 10. August. Im September begab sich Kepler, wie oben erwähnt nach Württemberg, um im Hexenprozeß gegen die Mutter einzugreifen.

IV. „Postscripta."

12. Zu Seite 16, 23 und 30: Die Musica mathematica des Abraham Bartolus und das Monochordum von Andreas Reinhard.

Der ausführliche Titel der vom Magister der Philosophie Abrahamus Bartolus aus Beuthen, im Meissen'schen herausgegebenen Schrift lautet:

„Musica mathematica, das ist das Fundament der allerlieblichsten Kunst der Musicae, wie nemlich dieselbe in der Natur stecke, und jhre gewisse proportiones, das ist, gewicht und maß habe, und wie dieselben in der Mathematica, fürnemlich aber in der Geometria, und Astronomia beschrieben siind: Sonsten genannet die beschreibung des Instrumentes Magadis oder Monochordi: Allen liebhabern und Künstlern der Music zu gefallen und sonderlichen nutz in deutzsch gegeben durch M. Abrahamum Bartolum, Beutensen Misnicum."

Sie ist 1614 als Anhang zum „Theatrum Machinarum" des „Architektur Studiosen Heinrich Zeising" im Verlag von Heinrich Großen, dem jüngeren erschienen, gedruckt zu Altenburg in Meissen. In der Schrift wird auf das im Jahre 1604 in Leipzig (bei Joh. Rosius) erschienene „Monochordum Andreae Reinhardi, Nivimontani" („gewesenen Organisten, Rechenmeisters und Notarius uffm Schneeberg") verwiesen, dessen wesentlichen Inhalt Bartolus in populärer Sprache wiedergegeben hat. Zu erwähnen ist noch das gleichzeitig, ebenfalls in Leipzig bei J. Rosius erschienene Schriftchen von Reinhard „Musica, sive Guidonis Aretini de usu et constitutione Monochordi Dialogus".[1]

Die Übersendung des „Monochordum" von Reinhard an Kepler kündigt Joachim Tanckius in einem Brief vom 18. April 1608 (Epistolae, S. 408) an mit den Worten:

„Ad te misi monochordum Reinhardi, qui dissentit in Musicis, ut vides, a nostro Calvisio. Pleniorem hisce nundinis instructionem ad me misit, quam obiter vix perlegi: occasione hac oblata, ad te mitto, tuum judicium petens. Ubi legeris et expenderis, remitte ut ipsemet videam et cognoscam veritatem. Deducit suam Musicam Harmoniam ex Harmonia coeli, monstrat aliorum errores et lapsum Calvisicum: quem tamen ipse agnoscere non cupit; reprehendit Calvisii illius numerorum proportiones, quas tu examinabis et judicabis, ut artifex."

Darauf antwortet Kepler in einem Brief vom 12. Mai 1608 (Epistolae, S. 408 ff., Opera, Band I, S. 375 ff.) und setzt darin ausführlich auseinander wie er, ausgehend von Platos Timaeus zu seinen Auffassungen und Festsetzungen gekommen sei. Die Irrtümer von Reinhard in der Aufstellung der Intervalle der Tonleiter werden aufgedeckt und im einzelnen besprochen. Reinhard schließt aus seinen Intervallen weiter auf die Sphären der Planeten (vergleiche die folgende Anmerkung Nr. 16 auf Seite 44 ff.), was Kepler, nachdem er seine eigene geometrische Ableitung entwickelt mit den Worten abweist: „Unde Reinhardus suam divisionem Monochordi deduxerit, ignoro. Ex coelo enim non deduxisse docet Astronomia, quae ridet illos Reinhardi diametros sphaerarum, quae sunt potius ex Musica perperam derivatae."

Tanckius überschickt Kepler in seinem Antwortschreiben eine (wie es scheint bei dem Verleger Großius junior gestochene) Darstellung von Reinhard „De Symmetria universae Harmonia", die in den Epistolae auf Tafel G, Fig. II wiedergegeben ist. Es ist bis auf kleine Abweichungen dieselbe, welche auch in Bartolus „Musica mathematica" (die ebenfalls bei Großius erschienen) enthalten ist. Über die Reinhard-Bartolussche Einteilung des Monochords selbst siehe die folgende Anmerkung 16.

13. Zu Seite 16, 23 und 30: Die früheren Betrachtungen Keplers.

Die Spekulationen Keplers über den Gegenstand des Postscriptums gehen in seine früheste Zeit zurück und haben ihn Jahrzehnte hindurch begleitet. Die erste Darstellung ist (wie schon oben erwähnt) im Kapitel XII des „Mysterium cosmographicum" (von 1596) enthalten, dem er dann bei der Neuauflage (von 1621) zahlreiche Anmerkungen hinzugefügt hat. Wichtig sind die Darlegungen in den Briefen an seinen Lehrer Mästlin (in den Epistolae nur zum kleinen Teil enthalten, aufbewahrt unter den Kepler-Manuscripten der Staatsbibliothek in Stuttgart, abgedruckt im I. Band der Opera, S. 7 u. ff., sowie S. 197 u. ff.). In einem Brief vom 29. August 1599 kündigt Kepler seine Absicht an, ein Buch „De Harmonia mundi" zu schreiben, die er zwei Jahrzehnte später ausgeführt hat.

[1] Exemplare des Theatrum Machinarum von Zeising mit Bartolus Musica mathematica befinden sich u. a. auf der Münchner Staatsbibliothek; die beiden Schriftchen von Reinhard besitzt die Bibliothek der Universität München.

In eben diesem Briefe sind die Grundlagen der auch im vorliegenden Postscriptum ent-
wickelten Beziehungen enthalten. Auch in dem späteren Briefwechsel (von 1607) mit dem
Prinzen August von Anhalt sind diese Ideen kurz entwickelt. Dort heißt es u. a.: „Der
Grund aber comparationis astronomicorum aspectuum cum musica besteht hierinnen, dass
Circulus per aspectus unnd Monochordum per harmonias ainerlay divisiones hatt..." (Opera,
Bd. I, S. 203 ff.). Beachtenswert ist der in Keplers Anmerkungen zum XII. Kapitel des
Mysterium cosmographicum aufgestellte Grundsatz, daß jegliche philosophische Spekulation
von den Erfahrungen der Sinne ihren Ausgang nehmen müße: „Omnis philosophica
speculatio debet initium capere a sensuum experimentis".

14. Zu Seite 23 und 31.

Ptolemaeus werden außer dem Almagest verschiedene Schriften astrologischen Inhalts
zugeschrieben. Zunächst die „Harmonia", von der Kepler einen Teil, ins Lateinische übersetzt und mit vielen Anmerkungen versehen, seiner Harmonice mundi als Anhang beigefügt
hat. (In den Opera, Bd. V, S. 335—412 abgedruckt.) Eine vollständige Ausgabe der
Harmonia, wie sie Kepler geplant aber nicht fertiggestellt hat, besorgte später der Mathematiker Jo. Wallisius in Oxford: „Harmonicorum libri III Ptolemaei cum commentariis
Porphyrii 1682". (S. Opera, Bd. I, S. 197 und Bd. V, S. 488.)

Nicht selten zitiert Kepler auch das weitere Werk des Ptolemaeus: „Quadripartitum"
oder „τετράβιβλος σύνταξις μαθηματική", zum ersten Mal 1484 in lateinischer Übersetzung
erschienen, dann 1538 im Urtext herausgegeben in Basel von S. Gryneus; eine weitere
Ausgabe, gleichfalls in Basel erschienen, hat Philipp Melanchthon besorgt, der ein Verteidiger
astrologischer Gedanken war.

Hieronymus Cardanus, der bekannte Mathematiker (1501—1576), schrieb u. a.
„Commentaria in Cl. Ptolemaei Quadripartitum" (Basel 1554) mit einem Anhang „Geniturarum Exempla XII". Astrologischen Inhalts sind auch seine 1547 in Nürnberg herausgegebenen libelli quinque: De Supplemento Almanach; de Judiciis geniturarum; de exem-
plis 100 geniturarum..." Er war ein eifriger Verteidiger einer vom Fabulieren gerei-
nigten Astrologie und wird von Kepler sehr häufig zitiert (vgl. Opera, Bd. I, S. 656;
Bd. VIII, S. 594 ff.).

15. Zu Seite 23, 24, 25 und 31, 32: Aspekte und Kreisteilung.

Kepler findet die Ursache für die Wirksamkeit der Aspekte wie für die Harmonien
in der Musik in der Kreisteilung und zwar in den mit Zirkel und Lineal konstruierbaren
regulären Vielecken. Diese Konstruierbarkeit zeichnet ein Vieleck vor allen anderen aus
und hat für Kepler metaphysische Bedeutung. Nur die konstruierbaren Vielecke sind
„scibiles", „habent scientialem seu mentalem essentiam", im Gegensatz zu allen anderen,
die als „non-entia mentalia" bezeichnet werden. In der hier gegebenen Übersetzung sind
die einen als „begrifflich erfaßbar", die andern als „begrifflich nicht erfaßbar" unter-
schieden um die Keplersche — auf das X. Buch des Euklid gestützte — Anschauungs-
weise zum Ausdruck zu bringen.

Ausführliche Erörterungen darüber finden sich im I. Buch der „Harmonice mundi".
Dort definiert Kepler im ersten Abschnitt „De figurarum regularium demonstrationibus"
(Opera, Bd. V, S. 84 ff., vgl. auch ebenda S. 9):

VII. Definitio. Scire in geometricis est mensurare per notam mensuram; quae mensura nota in hoc negotio inscriptionis figurarum in circulum, est diameter circuli.

VIII. Definitio. Scibile dicitur, quod vel ipsum per se immediate est mensurabile per diametrum, si linea, vel per ejus quadratum, si superficies; vel quod formatur ad minimum ex talibus quantitatibus, certa et geometrica ratione, quae, quantumque longa serie, tandem tamen a diametro ejusve quadrato dependeat. Graece dicitur γνωριμον.

Unter den „begrifflich erfaßbaren" — also den mit Zirkel und Lineal konstruierbaren regulären Vielecken unterscheidet Kepler noch die „effabiles", wenn die Polygonseite zum Durchmesser in rationalem Verhältnis steht und die „ineffabiles", diese abgestuft nach der Anzahl der neben und hintereinander auszuführenden quadratischen Konstruktionen. So setzt Kepler die Grade der „scibilitas" in folgender Abstufung fest: Erster Grad, wenn die Strecke gleich dem Durchmesser ist; zweiter Grad, wenn ihr Verhältnis zum Durchmesser „effabilis" (ῥητὴ μήκει) ist; dritter Grad, wenn das Verhältnis der Strecke zum Durchmesser „ineffabilis", das Quadrat dieses Verhältnisses aber „effabilis" ist (ῥητὴ δυνάμει); höhere Grade, wenn auch dieses Verhältnis „ineffabilis" (ἄρρητος, ἄλογος im Sprachgebrauch des Euklid) ist.

Diese Abtrennung der mit Zirkel und Lineal konstruierbaren Strecken als „ineffabiles" von den allgemeinen irrationalen, den „Nichtexistierenden" (non-entia mentalia) hebt Kepler im genannten Abschnitt der Harmonice mundi noch besonders hervor in

XV. Definitio. Qui sequuntur gradus, omnes appellantur ἄλογοι, ineffabiles. Interpretes Latini verterunt irrationales, magno ambiguitatis et absurdidatis periculo. Nos sepeliamus hunc vocis usum, quia multae sunt lineae, quae quamvis ineffabiles, optimis tamen continentur rationibus.

So liegt z. B. beim regulären Sechseck der zweite Grad der „scibilitas" vor, $s_6 = \frac{1}{2}d$; beim regulären Dreieck und Viereck der dritte Grad $s_3 = \frac{d}{2}\sqrt{3}$; $s_4 = \frac{d}{2}\sqrt{2}$; beim regulären Fünfeck, Achteck, Zwölfeck die vierte Stufe

$$s_5 = \frac{d}{4}\sqrt{10 - 2\sqrt{5}};\ s_8 = \frac{d}{2}\sqrt{2 - \sqrt{2}};\ s_{12} = \frac{d}{2}\sqrt{2 - \sqrt{3}}\ \text{usf.}$$

In ähnlicher Weise berechnet Kepler auch die Diagonalen der regulären Vielecke und stuft die entsprechenden Sternfiguren nach dem Grade ihrer „scibilitas" ein.

Durch diese Abstufung allein erklärt sich jedoch noch nicht die in der vorliegenden Darstellung gegebene Klasseneinteilung der Aspekte bezw. der Vielecke. Zu der „scientia", die im ersten Buch der Weltharmonie behandelt wird, kommt noch der Begriff der „congruentia". Unter Kongruenz versteht Kepler etwas vom heutigen Sprachgebrauch durchaus verschiedenes. Kongruent sind nach Kepler ebene Figuren, wenn sie mit ihren Winkeln die Umgebung eines Punktes in der Ebene oder im Raum lückenlos auszufüllen vermögen. Kepler behandelt diesen Gegenstand ausführlich im zweiten Buch der Weltharmonie „De congruentia figurarum harmonicarum" (Opera, Bd. V, S. 114 ff.). Er kommt in diesem Zusammenhang auf alle die verschiedenen Körper zu sprechen, die durch ebene reguläre Vielecke begrenzt sind, zunächst auf die fünf regulären Polyeder und die regulären sternförmigen, dann auf die halbregulären mit zweierlei und die dreizehn Archimedischen Körper mit dreierlei verschiedenen Begrenzungsflächen. Indem er nun die regulären Polygone je nach der Brauchbarkeit zur Bildung solcher Körper abstuft, gelangt er zu einer neuen wohlgeordneten Reihe von 12 „Figurae congruae", die mit dem Dreieck beginnt und mit dem zwölfeckigen Stern endet.

Unter Berücksichtigung der „scientia" und der „congruentia" stellt dann Kepler endlich im 4. Buch der Weltharmonie „De configurationibus harmonicis radiorum sideralium in Terra earumque effectu in ciendis meteoris aliisque naturalibus" (Opera, Bd. V, S. 234 ff.) eine Klasseneinteilung der Vielecke und der ihnen entsprechenden Aspekte auf. Dort sind es (vgl. Propositio X—XIV) fünf Klassen:

I.	0°										
II.				90°						180°	
III.	30°		60°			120°					
IV.				72°					144°	150°	
V.	36°	45°				108°		135°			

Aspekte:	conjunctio	semisextilis	decilis	semiquadrans	sextilis	quintilis	quadrans	trideoilis	trinus	trioctilis	biquintilis	quincunx	oppositio
	0	$\frac{1}{12}$	$\frac{1}{10}$	$\frac{1}{8}$	$\frac{1}{6}$	$\frac{1}{5}$	$\frac{1}{4}$	$\frac{3}{10}$	$\frac{1}{3}$	$\frac{3}{8}$	$\frac{2}{5}$	$\frac{5}{12}$	$\frac{1}{2}$

die in dem vorliegenden Schreiben bei etwas anderer Zusammenfassung auf drei reduziert sind.}

„Configurationes praecinnunt, natura sublunaris saltat ad leges hujus cantilenae."

16. Zu Seite 26 und 33: Teilung des Monochords und der Aspekte.

Keplers Betrachtungen über die Harmonien in der Musik gehen von folgendem, im III. Buch der Harmonice mundi, Kap. 7 u. 8 (Opera, Bd. V, S. 161) aufgestellten Schema aus, in welchem die Zahlen sich auf die Saitenlängen des Monochords beziehen und 720 als Maßzahl für die ganze Saitenlänge (Grundton) angenommen ist:

Cantus durus (mixolydisch [auf g]):

720   640   576 540   480   432 405   360

$\frac{8}{9}$ $\frac{9}{10}$ $\frac{15}{16}$ $\frac{8}{9}$ $\frac{9}{10}$ $\frac{15}{16}$ $\frac{8}{9}$

g   a   h   c   d   e   f $\overline{g}$

Wird f durch fis (384) ersetzt (wie in Kap. 14 [Opera, Bd. V, S. 180] erwähnt), so ist dies unsere g dur-Skala (jonisch [auf g]).

Andererseits ist der

Cantus mollis (g-moll melodisch absteigend; (e), (fis) aufsteigend)

gegeben durch:

720   640 600   540   480 450 (432) 405 (384) 360

$\frac{8}{9}$ $\frac{15}{16}$ $\frac{9}{10}$ $\frac{8}{9}$ $\frac{15}{16}$ $\frac{8}{10}$ $\frac{8}{9}$

g   a   b   c   d   es   (e)   f   (fis) $\overline{g}$

Wird es durch e ersetzt (wie in Kap. 14 [Opera, Bd. V, S. 189]) so ist die Skala dorisch (auf g)[1].

Bartolus gibt in seinem Monochord ebenso wie Reinhard die Einteilung für eine Saitenlänge 48 statt 720 an und stellt mit e als Grundton die Skala phrygisch (auf e) auf. Seine Skala ist (umgeschrieben auf die Saitenlänge 720) die folgende:

720	675		600		540		480	450		400		360
	$\frac{15}{16}$	$\frac{8}{9}$		$\frac{9}{10}$		$\frac{8}{9}$		$\frac{15}{16}$	$\frac{8}{9}$		$\frac{9}{10}$	
	e	f	g		a		h	c		d		$\bar{e}$

Die dazwischen liegenden Halbtöne fis, gis, b, cis, dis bildet aber Bartolo nach Reinhard — und darin liegt der Fehler — einfach durch Halbierung der betreffenden Intervalle. So kommen Reinhard und Bartolus für die chromatische Skala zu folgender Einteilung:

720 675 637½ 600 570! 540 510! 480 450 425! 400 380! 360

statt der von Kepler im Buch III, Kap. 8 der Harmonice (Opera, Bd. V, S. 163) gegebenen:

720 682⅔! 640 600 576 540 512 480 450 432 405 384 360,

(bei welcher übrigens der erste Halbton von 640 aufwärts statt von 720 abwärts (675) gebildet ist).

Die von Guido Aretino, dem Schöpfer unserer Notenschrift (den Kepler im Mysterium cosmographicum und später in der Schrift gegen Robert Fludd erwähnt) aufgestellte Skala ist in dem zweiterwähnten Büchelchen von A. Reinhard dargelegt. Sie gibt die Saitenteilung des Monochords (auf die Zahl 720 umgerechnet) wie bei den Griechen in den zwei ganz gleich gebildeten Abschnitten G a h c; c d e f (verbundene Tetrachorde):

720		640		568⁸/₉	540		480		426²/₃	405	(360)
	$\frac{8}{9}$		$\frac{8}{9}$	$\frac{243}{256}$		$\frac{8}{9}$		$\frac{8}{9}$	$\frac{243}{256}$		$\left(\frac{8}{9}\right)$
	g		a	h	c		d		e	f	(g)

Um nun von der obigen Einteilung des Monochords auf die Beziehung zu den Himmelskörpern und zu den Aspekten zu gelangen, beschreibt Bartolus unter Berufung auf die griechischen Vorstellungen um den Endpunkt e (= Erde!) des Monochords als Mittelpunkt Kreise durch die den Tönen f, g, a, h(b), c, d, ē entsprechenden Teilpunkte des Monochords und endlich durch den zweiten Endpunkt O der Saite. Dieser letzte, äußerste Kreis entspricht der Fixsternsphäre, während die andern in der Reihenfolge des Ptolemäischen Systems der Sphäre des Saturn (ē), des Jupiter (d), des Mars (c), der Sonne (h[b]), der Venus (a), dem Merkur (g) und dem Mond (f) entsprechen. Zu beurteilen, in wie weit damit die

---

[1] In der Anmerkung am Schluß des 7. Kapitels ist (in der Originalausgabe wie in den Opera, Bd. V, S. 162) Dur- und Moll-Tonart verwechselt.

wirklichen Entfernungen der Planeten von der Erde gegeben sind, überläßt Bartolus „den Astronomis, welche den lauff, stand und orth der Planeten und anderer Stern außzurechnen, und zu observiren sich befleissigen".

Andererseits trägt Bartolus, um die Beziehung zu den Aspekten herzustellen auf dem äußersten, der Fixsternsphäre entsprechenden Kreis die Zeichen des Tierkreises mit dem Widder beginnend und ebenso die Noten der Skala mit e beginnend auf, so daß sich, unter Berücksichtigung der obigen Zuordnung der Planeten in der Zwölfteilung des Kreises entsprechen:

Tierkreis:	♈	♉	♊	♋	♌	♍	♎	♏	♐	♑	♒	♓
Skala:	e	d	c	h(b)	a	g	f	e̅	d̅	c	h(b)	a
Planeten:	♄	♃	♂	☉	♀	☿	☽	♄	♃	♂	☉	♀

Diese Zuordnung wird noch mit einer anderen älteren Ursprungs (für die Nativitäten) verknüpft, auf die weiter einzugehen sich hier erübrigt. Auch Kepler beschäftigt sich nicht weiter mit den Betrachtungen Bartolus, verweist vielmehr auf seinen eigene Ausführungen im III. Buch der Harmonice mundi, deren Grundlagen er in Kürze wiedergibt.

B.

Die Briefe von J. Kepler an Ph. Müller
aus den Jahren 1629 und 1630.

1. Allgemeine Übersicht.

Aus Keplers letztem Lebensjahr sind uns nur wenige direkte Nachrichten — einige Briefe an seinen Straßburger Freund Bernegger und der 1880 von F. Dvorsky aus dem Archiv der böhmischen Statthalterei und dem Wiener Kriegsarchiv veröffentlichte Briefwechsel mit Wallenstein — erhalten. Die im folgenden wiedergegebenen acht Briefe Keplers an Philipp Müller ergänzen jene Nachrichten und sind, wenn sie auch nur wenige neue Mitteilungen über die wissenschaftliche Tätigkeit Keplers enthalten, doch wertvoll, weil sie uns eine tiefere Einsicht in seine persönlichen Verhältnisse nach seiner Übersiedelung nach Sagan geben.

Die diesem Umzug vorangehenden Schicksale Keplers sind bekannt aus jenem offenen Brief an Jacob Bartsch, dessen wir schon oben (Seite 12) Erwähnung getan. Im Sommer 1625 hatten sich beide in Ulm getroffen; Bartsch war von da nach Padua, Kepler wieder nach Linz zurückgereist (das er dann im darauffolgenden Jahre endgültig verließ). Eine nach Jahresfrist erhoffte weitere Zusammenkunft war nicht zu Stande gekommen, viel-

mehr hatte Bartsch wie auch zahlreiche Freunde Keplers die Spur seines
Aufenthalts nach seiner Abreise nach Linz verloren.[1]) Um die Beziehungen
wieder anzuknüpfen, speziell im Interesse einer gemeinsamen Herausgabe der
Ephemeriden, richtete Bartsch, der in Leipzig, unterstützt von seinem ehe-
maligen Lehrer Philipp Müller die Ausgabe der Ephemeriden für das Jahr
1629 betrieben, das Eingangs (S. 12) erwähnte offene Schreiben an Kepler,
das im Nachfolgenden unter C, I abgedruckt ist. Er hatte in Leipzig zu
seiner Freude von der bevorstehenden Übersiedelung Keplers nach Schlesien
erfahren und hoffte nun, dessen an die Tabulae Rudolphinae anschließende
Arbeiten unterstützen zu können. Seine eigene Ausgabe der Ephemeriden von
1629 betrachte er als Vorarbeit dazu, durch welche er die Berechnungs-
methoden Keplers wie die von Tycho Brahe den Astronomen bekannt
machen wolle.

Keplers Erwiderung „Über die Berechnung und die Herausgabe
der Ephemeriden", aus Sagan, vom 6. November 1629 datiert[2]) beant-
wortet einleitend die besorgten Anfragen der Freunde nach seinem bisherigen
Aufenthaltsorte und seinem Treiben. Aus diesen Mitteilungen und weiteren
Briefen an seine Freunde lassen sich die Verhältnisse überblicken, unter denen
Kepler nach Sagan gekommen ist.

Am 17. Mai 1626 hatten sich die oberösterreichischen Bauern gegen die
Bedrängung ihres Glaubens und gegen den immer schärfer durchgreifenden
Druck der bayerischen Pfandherrschaft erhoben. Linz war seit dem 24. Juni
von den aufständischen Bauern eingeschlossen und erst der Umschwung der
militärischen Lage im August, herbeigeführt durch die aus Böhmen heran-
gezogenen kaiserlichen Truppen — Tillys Heere standen in Niedersachsen,
die Wallensteins waren nach Schlesien aufgebrochen — führte zur Entsetzung
von Linz, die am 29. August durch die Kaiserlichen erfolgte.[3])

---

[1]) So schreibt Bernegger am 4/14. Juli 1626 an ihn:

„Obnixe rogo, fac ut sciamus ut vivas, ut valeas et quid rerum tractes. Non abs re metuimus,
ne hac temporum hominumque peste divini ingenii tui foetus intercipiantur, cum aeterna infamia pessimi
seculi et studiorum non solum incuriosi, sed et in eorum perniciem quasi conjurati. Vale seculi nostri
Phoenix." (Opera, Bd. VI. S. 618.)

[2]) Der Titel lautet ausführlich:

„Joannis Kepleri Mathematici, ad epistolam clarissimi Viri D. Jacobi Bartschii, Laubani Lusati,
m edicinae Candidati, praefixam Ephemeridi in annum 1629, Responsio: De computatione et editione
Ephemeridum. Typis Saganensibus anno 1629." (Opera, Bd. VII. S. 581 u. ff.)

[3]) Vergl. F. Stieve, Der oberösterreichische Bauernaufstand d. J. 1626. München 1891. Die Angabe von Frisch (Opera Bd. IV. S. 619) ist ungenau. Bayerische (und Holsteinsche) Truppen griffen erst
Mitte September in die Kämpfe ein; erst nach den empfindlichen Niederlagen, die diese und die kaiserlichen Truppen bei Neukirchen, Kornröd und Wels in der zweiten Septemberhälfte erlitten, übernahm
Graf Pappenheim die Führung und beendete den Feldzug durch die nach hartnäckigster Gegenwehr

Kepler schreibt darüber am 8. Februar 1627 an Bernegger [1] „Dei praesidio et tutela angelorum obsidionem in 14 septimanas incolumis toleravi, nec fame afflictus sum, etsi de equina nihil degustavi. Ea mihi felicitas contigit inter raros".

Im Laufe der Belagerung war bei den mannigfach in der Stadt ausgebrochenen Bränden auch die Druckerei, in welcher Kepler die Rudolphinischen Tafeln und die Beobachtungen Tycho Brahes hatte drucken lassen wollen, zerstört, der Buchdrucker niedergeschlagen worden. Da wandte sich Kepler an Kaiser Ferdinand und erhielt auf seine Vorstellung hin die Erlaubnis, nach Ulm zu ziehen und dorthin auch die für den Druck der Tafeln benötigten, ihm gehörenden Letternsätze mitzuführen.[2] So wandert er, sobald der Weg nach Passau einigermaßen gesichert schien, am 20. November mit Frau und Kindern, mit seinen ihm belassenen Büchern und Schriften und seinem Hausrat aus Linz, bringt die Familie in Regensburg unter und geht nach Ulm, wo ihn der Druck der Tafeln bis September 1627 festhält.[3] Dann begibt er

---

der Bauern gewonnenen Schlachten bei Emling, Gmunden und Wolfegg Ende November. Die flüchtenden Führer und Prediger der Bauern nahmen ihren Weg nach Regensburg um dieselbe Zeit, als auch Kepler dorthin eilte.

[1] Opera, Bd. VI, S. 619 und Bd. VIII, S. 897.

[2] Die Absicht, Ulm für den Druck der Rudolphinischen Tafeln zu wählen, hatte Kepler schon anderthalb Jahre vorher gefaßt, als er bei seinem Aufenthalt in Ulm im Mai 1625 gesehen hatte, wie günstig sich dort die Gelegenheit, seine Arbeiten in Ruhe zu drucken, gestalten würde. Dort kam ihm der Rektor des Gymnasiums, Hebenstreit entgegen, mit dem er schon seit 1619 wegen der Ephemeriden, dann im besonderen bei Gelegenheit der oben (S. 27) erwähnten Kontroversen mit Faulhaber (dem Mathematiker des Gymnasiums) in freundschaftlichen Briefwechsel getreten war.

Der Kaiser wünschte indessen, den Druck in Linz ausgeführt zu sehen, und Kepler mußte zunächst diesem Wunsche willfahren. Nun aber machten die Folgen der Belagerung die Arbeit in Linz unmöglich und so kam er auf seine frühere Absicht zurück: „Ubi omnia vergunt in interitum, simul et semel cum omni apparatu locus is est adeundus, in quo omnia typo necessaria suppetunt, Ulmam dico, ubi jam me expectat papyrus, ubi typographus ingeniosus, promptum et aequum postulans, ubi denique pax" — schreibt er am 1. Oktober 1626 aus Linz an den ihm befreundeten Jesuitenpater Paul Guldin nach Wien, — Die interessanten Biefe Keplers an Guldin, die sich auf der Universitätsbibliothek in Graz befinden, hat Bibliothekar J. Krausler in den Wiener Jahrbüchern der Literatur, Bd. 121 v. J. 1848 veröffentlicht. Sie fehlen in der Gesamtausgabe von Frisch. Wir werden auf sie noch zurückkommen.

[3] Der Tübinger Professor Schickardt (bei dem sich Kepler im Juli 1625 aufgehalten hatte) berichtet im Juli 1627 an seinen Bruder: „Editio tabularum nonnihil impeditur intestinis motibus rusticorum. Omnia quidem publicationi necessaria Keplerus jam ad manum habet, et cum anno superiori mecum esset, significavit, sibi a Caesare sumtus affatim suppeditatos esse, quibus papyrum emeret ac typothetas remuneretur (nam propriis edere consultius putavit). Hat auch einen ganzen Wagen vol, Papier droben zu Kempten bestellt und auff der Donaw hinabführen lassen. Item newe Schriften und besondere astronomische Charactere gießen lassen. Illud ex universali fama pridem haud dubie novisti, quod Jesuitarum instinctu Caesar ejus bibliothecam (in qua multi etiam libri controversae religioni) circumscripserit et obsignarit, mathematicos tamen libros, ni fallor, libere potest usurpare .. (Opera, Bd. VIII, S. 898).

Genaueres über die Versiegelung der Bibliothek Keplers erfahren wir aus einem Brief an den eben genannten Pater Guldin, der zwei Bücher Keplers gewünscht hatte. Kepler schreibt (7. Februar

sich nach Frankfurt zur Messe um die Tafeln dort katalogisieren und den Preis für das Werk festsetzen zu lassen. Der Kaiserliche Bücherkommissar bestimmt den Preis zu 3 Gulden Frankfurter Währung, die an Ort und Stelle gleichermassen Gelehrte und Buchhändler zu zahlen haben.[1]) Nach Erledigung dieser Geschäfte macht er mit dem Landgrafen Philipp von Hessen einen Ausflug nach Butzbach, wo dieser ein Observatorium besaß, und im besonderen eben damals ein großes Instrument zur Beobachtung der Sonnenflecken hatte aufstellen lassen.[2]) Kepler leitete bei diesem Besuch der Gedanke, nachdem infolge des Religionsediktes, das alle Protestanten aus Oberösterreich auswies, seines Bleibens in Linz nicht mehr sein konnte, einen ruhigen, vom Schauplatz des Krieges fernen Ort, zu finden, wo er die Herausgabe der Tychonischen Beobachtungen zum Abschluß bringen könnte.[3])

1626): „Quod duas Snelii libros non mitto, causa est, quia Reformationis Commissarii, per D. Decanum et Secretarium ad libros hereticos avocandos subdelegatos, in genere omnium in domo Provinciali (in welchem Kepler z. Z. Wohnung erhalten hatte) habitantium libros obsignarunt, itaque tota mea bibliotheca, exceptis paucissimis libris ad exercitium artis pertinentibus, inde a Prid. Cal. Jan. est obsignata ... Die Maßregel kränkte Kepler um so mehr, als er unter der kleinen Zahl von Büchern, die er überhaupt besaß, kaum eines war, mit dem er nicht auch einen Teil seiner Studien verloren hatte, wegen der Zeichen, Randbemerkungen und Notizen, die er darinnen angebracht. Er habe kaum drei calvinische, gegen die er ja selbst geschrieben; im übrigen eine griechische Ausgabe des neuen Testaments, unentbehrlich wegen der verschiedenen Lesarten, die Bibel in Luthers Übersetzung und eine alte Postille von Brenz, die ihm wegen der guten Holzschnitte besonders wertvoll ist.

[1]) „Docti, et quidem Iesuitae, omnibus perpensis statuerunt, exemplaris taxam 5 florenorum, cum sint paginae 65, ut sic pagina pro 4¹/₂ crucigerorum. Mercatores vero librorum, solam mercem intueri jussi, taxam dixerunt 2 florenos. Dominus commissarius medium dixit, 3 flor. pecuniae praesentis ...". Brief an Bernegger, Opera, Bd. VI, S. 621.

[2]) Die Beziehungen Keplers zum Landgrafen Philipp von Hessen gehen bis zum Jahre 1628 zurück. Kepler hat ihm seine „Chilias Logarithmorum" (Marburg 1624) gewidmet. Der uns erhaltene Briefwechsel ist abgedruckt in den Opera, Bd. VII, S. 303—309.

[3]) Schon aus Ulm hatte Kepler (in dem schon erwähnten Brief vom 8. Februar) über die Notwendigkeit, einen Zufluchtsort zu suchen, an Bernegger geschrieben: „... Ingens vulnus inflictum est Austriae nostrae, ex quo animam agere videtur; itaque ad omnes casus oportet esse attemperata consilia deliberationesque meas. Tu itaque cum fautoribus aliis subjicite consilia vestra, quonam, si ita ferat usus, me cum grege sex liberorum recipiam. Editis Rudolphinis opto mihi locum eas docendi in alia frequentia, si potest in Germania, sin minus etiam in Italia, Gallia, Belgio vel Anglia, dummodo salarium sit idoneum peregrino." Bernegger weist in seiner Antwort (Opera, Bd. VI, S. 619 u. ff.) auf die Möglichkeiten hin im Auslande, besonders in Frankreich (wie Hugo Grotius) Aufnahme und Unterstützung zu finden. Straßburg würde ihn als Gast freudig begrüßen („Quodsi incolatu placeat urbem honorare, non dubito, te gratissimum omnibus hospitem futurum; id quod etsi vix spero, vehementer tamen opto ut obtineamus). Damit sah Kepler freilich eine Hoffnung, als Professor in Straßburg aufgenommen zu werden, schwinden, zumal er nicht an eine vollständige Loslösung von Österreich denken wollte. „Habeo rationes domesticas — schreibt er in der Antwort vom 6. April — quae me etiam contra spem melioris status arctius alligant Austriae. Discessum inquam ex aula ultro attentare vereor, secessus vero praetextu tentare proceres (Lincianorum) in me animos, petita biennii absentia, ut tabulas meas viva voce profiteri possim, id in meditatis habeo. Ei vero, qui cum hac conditione se confert in academiam aliquam, locus professionis ordinariae non sperandus est, an vero locus ei docendi concedatur extra ordinem, id tu me noveris melius." Kepler entwickelt in dem Brief noch weiter, wie er sich den Inhalt seiner

In der Tat zeigte sich der wissenschaftlich lebhaft interessierte Fürst den Plänen Kepler's geneigt und erreichte durch seine Fürsprache bei dem regierenden Landgrafen Georg, seinem Neffen, das Versprechen, einen geeigneten Wohnort und die nötigen Mittel zum Unterhalt zu gewähren, falls die kaiserlichen Bezüge für Kepler wegen seiner langen Abwesenheit ausbleiben sollten. So schien nur noch die Einwilligung des Kaisers zur Übersiedlung zu fehlen.

In diesem Gedanken verließ Kepler Butzbach, ging nochmals nach Frankfurt und kehrte in langsamer Reise den Rhein entlang und durch Württemberg nach Ulm zurück, um dort seine Geschäfte abzuschließen.[1] Im November traf er wieder in Regensburg bei der Familie ein und ging von da nach Prag, wo er dem Kaiser die ihm gewidmeten Rudolphinischen Tafeln überreichte.

Auf dem Rückweg von Frankfurt war er überall auf Truppen Tillys und namentlich auf die kaiserlichen Wallensteins gestoßen, die nach den sieg-

---

Vorträge denkt, und bittet Bernegger um Rat, wie er den Verkauf der jetzt abgeschlossenen Rudolphinischen Tafeln am besten betreiben könne („emptores erunt, ut solent, mathematicorum operum pauci") und schließt mit den Worten: „At nunc periit Austria; si revertar, in aulam concedendum erit. Habes fasciculum perplexitatum mearum, ex quibus si tuis me consiliis extricaveris, multum nostrae amicitiae debebo."

[1] Aus den „Observationes aëris", die Kepler regelmäßig aufgezeichnet hat, lassen sich alle Daten seines Aufenthaltes in Ulm und auf seiner Reise entnehmen. Wir folgen in der nachstehenden Zusammenstellung den Angaben der Opera, Bd. VIII, S. 909. Die Datierungen sind die des Gregorianischen Kalenders. Bei den Briefen von und an Kepler aus jener Zeit ist aber zu beachten, daß in den evangelischen Ländern der neue Kalender noch nicht eingeführt war, hier also mehrfach die Bezeichnung alten Stiles (wenn nicht die doppelte) gebraucht wurde. Kepler selbst war vergeblich für die neue Datierung eingetreten, die erst zu Beginn des 18. Jahrhunderts in den evangelischen Ländern Eingang fand.

Die Daten der Reise sind die folgenden:

20. November 1626 Abreise von Linz — 21.—26. November Aufenthalt in Passau — 27. November bis 8. Dezember in Regensburg zur Unterbringung der Familie — 9. Dezember 1626 bis 15. September 1627 in Ulm, mit dem Druck der Rudolphinischen Tafeln beschäftigt, die anfangs September vollendet sind — 16.—19. September Das Fils- und Neckartal abwärts bis Heidelberg — 20., 21. September Aufenthalt in Heidelberg — 22. September bis 5. Oktober in Frankfurt zur Katalogisierung der Rudolphinischen Tafeln und Festsetzung ihres Verkaufspreises — 6.—19. Oktober bei Landgraf Philipp von Hessen in Butzbach — 20.—22. wieder in Frankfurt, von wo die Rückreise nach Regensburg angetreten wird. Der Aufenthalt an den weiteren Orten dient der Empfehlung der Tabulae bei den Magistratsbehörden. Ein Dankbrief an den Magistrat Esslingen, datiert vom 2. November (alten Stiles) 1627, ist noch erhalten „für sonderliche hohe unverdiente Ehr mit köstlichem Wein in das Hohefelderische Wohnhaus und ferners eine mir hochnotwendige Ausstaffirung auff die oberige Raise mit der Leihung eines Spital-Gauls und Jungens" (Opera, Bd. VI, S. 646); ebenso ein an den Ulmer Magistrat gerichtetes Dank- und Empfehlungsschreiben (Ebenda, S. 643). Auf der Rückreise befindet sich Kepler 23.—26. Oktober in Mainz — 27. Oktober in Worms — 28.—31. Oktober in Speyer — 1., 2. November in Bruchsal — 4.—9. November in Esslingen — 10.—24. November nochmals in Ulm — 25.—28. November in Dillingen — 29. November bis 20. Dezember in Regensburg, von da durch die Oberpfalz, am 27. und 28. Dezember in Pilsen und am 29. Dezember nach Prag.

reichen Feldzügen gegen die dänisch-schlesische Armee und in den Elblanden nunmehr auch nach Süddeutschland in den fränkischen und schwäbischen Kreis (Hessen, Franken, Schwaben) in die Winterquartiere verlegt wurden und deren wildes zügelloses Gebaren ihn mit Mißtrauen erfüllte. Hatte schon dadurch die Hoffnung, in Hessen einen ruhigeren Ort zur Herausgabe der Tychonischen Beobachtungen zu finden, einen starken Stoß erlitten, so erwachte in ihm, bei dem überaus freundlichen Empfang am kaiserlichen Hof in Prag, erneut und verstärkt der Wunsch, wieder in den österreichischen Erblanden seinen Arbeiten sich widmen zu können.

In Oberösterreich, wo inzwischen das Dekret des Erzherzogs, nunmehrigen Kaisers Ferdinand II., vom Oktober 1625 in voller Strenge zur Durchführung gelangt war, konnte Kepler nicht mehr auf Wiederanstellung rechnen. Aber auch in Prag selbst mußte er bald erkennen, daß die ihm gegenüber unter Rudolph II. und Matthias geübte Toleranz unter dem neuen Regime nicht mehr geübt werden würde. Es fallen in diese Zeit erneute Versuche der Umgebung des Kaisers und der Jesuiten, Kepler zum Übertritt zur katholischen Kirche zu bewegen, wie sie schon 30 Jahre vorher in Graz gemacht worden waren. Der Aufenthalt, den Kepler auf seiner Rückreise von Ulm nach Prag in Dillingen bei dem ihm durch seine astronomischen Arbeiten befreundeten Jesuiten Albertus Curtius genommen, hatte erneuten Anstoß, ihm den Übertritt nahezulegen, gegeben. Der schon erwähnte Briefwechsel mit Pater Guldin in Wien gibt Aufschluß über das nun während des Aufenthalts in Prag mit Nachdruck einsetzende Andrängen jener Kreise des kaiserliches Hofes. Das feste und würdige Verhalten Keplers, der in religiösen Fragen und in Fragen des Gewissens seinen eigenen Weg zu gehen entschlossen war, zeigt den völligen Mißerfolg dieser Bekehrungsversuche. „Nullo animi aestu torqueor ex dubitatione vel minima, torqueor vero a violentis flagitationibus Consiliariorum Caesaris, seu potius ipsius voti Caesaris mihi ob oculos adducti. Gravissimum enim est, Caesari aliqua a me petenti non posse obsecundare." [1])

---

[1]) Die Stelle ist dem letzten der an Pater Guldin gerichteten Briefe (ohne Datum, wohl vom April oder Mai 1628, veröffentlicht wie schon erwähnt in den (Wiener) Jahrbüchern der Literatur vom Jahr 1848, Anzeigeblatt S. 15) entnommen. Man sehe auch den für Keplers Auffassung der Reformation besonders charakteristischen vorhergehenden Brief vom 24. Februar 1628 (irrtümlich auf 1627 datiert s. u.), ebenda S. 13.

Es ist nicht die Absicht, im Gegenwärtigen auf diese Briefe genauer einzugehen, doch sei erwähnt, daß sie eine zwar eingehende, aber völlig einseitige Beurteilung in dem 1888 in Graz erschienenen Buch „J. Kepler und die großen kirchlichen Streitfragen seiner Zeit" des Grazer Professors der Kirchengeschichte Leopold Schuster gefunden haben. Wer Kepler aus seinen Werken, seinen Briefen, nach seinem Lebenswandel kennen gelernt hat, muß es auf das entschiedenste zurückweisen, wenn es am Schluße jenes Buches (S. 217) über Keplers Verhalten in religiösen Fragen heißt: „Gewissensunruhe und

Damit scheiterte für Kepler die Möglichkeit, in Prag selbst an den Druck der Beobachtungen Tycho Brahes zu gehen, die er als nächste Arbeit neben der Herausgabe der Ephemeriden sich vorgenommen. Verhandlungen mit den

---

Zweifel an der Wahrheit seiner Konfession ängstigten ihn oft, besonders aber dann, wenn große politische Ereignisse oder private Unglücksschläge ihn auf die katholische Kirche hinzuweisen schienen. Dann wurde er momentan schwankend und dachte an die Konversion, bis die äußeren Verhältnisse sich klärten und die in Tübingen ihm eingeprägten Vorurteile gegen die römische Kirche wieder die Oberhand gewannen. So war es im Jahre 1600 und so geschah es auch jetzt wieder." — Man lese dem gegenüber die Briefe Keplers an den bayerischen Kanzler Herwarth von Hohenburg, an Mästlin, an die ihm befreundeten Jesuiten, mit denen er in astronomischen Fragen verkehrte, endlich die ausführlichen Darlegungen im „Glaubensbekendtnus und Ableinung allerhand deßhalben entstandener ungütlichen Nachreden" des Jahres 1623 (wiederaufgefunden und in den Abhandlungen der Akademie v. J. 1912, Bd. XXV, 9 abgedruckt), um sich von dem unerschütterlichen Bekennermut Keplers zu überzeugen. Für ihn waren die Verschiedenheiten der Lehren der katholischen Kirche als der ursprünglichen, der Lehren der Kalvinisten und der lutherischen Kirche im Grunde nur verschiedene Auslegungen eines gemeinsamen christlichen Geistes. Deshalb hat er niemals weder den Haß noch den kleinlichen Glaubenseifer, in dem sich die theologischen Streitigkeiten jener Zeit ergingen, gebilligt; deshalb ist er in strittigen Fragen (Ablehnung einzelner Punkte der Konkordienformel) seinen eigenen Weg gegangen, unberührt von allen ihm daraus erwachsenen Folgen. Weil er sich nicht unterwerfen wollte, ist er im Jahre 1600 „aus Grätz aufgeschafft, fraidig und mit gutem Gewissen darvon gezogen". „At non credidissem, adeo dulce esse, pro religione, pro Christi honore, cum aliquantulo coetu fratrum damna, contumelias pati, domos, agros, amicos, patriam deserere. Si verum martyrium et vitae jactura proportione quadam respondet, ut quo majus damnum hoc major laetitia sit: facile est et mori pro religione" schrieb er damals an Mästlin (9/19. Sept. 1600). Und aus dem gleichen Geiste schreibt er 1628 von Prag aus an Guldin: „Itaque hoc de me habeto, amicorum optime, me sic manere in ecclesia catholica (gemeint ist die allgemeine christliche Kirche) ut pro recusatione talium, quae non agnosco pro apostolicis, eoque non pro catholicis paratus sim, non tantum praemia, quae mihi nunc ostentantur, et in quibus S. C. Majestas magnificentissime et liberalissime consentit, sed etiam ditiones Austriacas, totum Imperium, et quod omnibus gravius est, astronomiam ipsam dimittere. Adderem et vitam, sed non postest homo sibi quicquam sumere, quod non fuerit illi datum desuper."

Was die Datumsangabe des Briefes anbetrifft, dem dieses Citat entnommen ist — 24. Februar 1627 — so ist sie sicher irrtümlich und auf das Jahr 1628 zu setzen. Es geht dies schon daraus hervor, daß in dem Brief von den abgeschlossenen Rudolphinischen Tafeln und dem für die Exemplare festgesetzten Verkaufspreise gesprochen wird, der während der Anwesenheit Keplers in Frankfurt im Oktober 1627 durch den kaiserlichen Kommissar bestimmt worden war. Der Brief ist unter dem Eindrucke der nach Keplers Ankunft in Prag am kaiserlichen Hof einsetzenden Bekehrungsversuche entstanden, bei denen ihm offenbar eine glänzende Stellung am kaiserlichen Hof in Aussicht gestellt wurde.

Die Angabe von Schuster (a. a. O. S. 217), daß Kepler zu Anfang des Jahres 1627 von Ulm nach Prag gereist sei, „um für die Herausgabe der Rudolphinischen Tafeln vom Kaiser weitere Geldanweisungen sich zu erbitten", und daß er damals „von den kaiserlichen Räthen und katholischen Hofleuten bestürmt worden sei, zur katholischen Kirche überzutreten, da dann kein Hindernis mehr bestehe, die ganze Gunst des Kaisers zu genießen und eine seinem Talente entsprechende glänzende Anstellung zu erlangen" ist in der Zeitangabe sicher unrichtig. Kepler war vom Dezember 1626 bis Mitte September 1627 ständig in Ulm, jedenfalls während dieser Zeit nur ganz kurz von dort abwesend. Briefe, in denen er über seine Tätigkeit in jener Zeit berichtet, sind von Ulm aus an Bernegger und an Schickardt im Januar, Februar, März, April d. J. 1627 gerichtet. In den kurzen Zwischenzeiten wäre eine Reise nach Prag damals kaum auszuführen gewesen. Auch hätte Kepler sicher, wie sonst bei solchen Gelegenheiten, von einer solchen Reise in jenen Briefen gesprochen, berichtet er doch (Brief an Schickardt vom 10. Februar 1627) über eine damals von ihm beabsichtigte, aber wegen üblen körperlichen Befindens abgebrochene Reise nach Tübingen.

Erben Tycho Brahes haben zu dieser Zeit stattgefunden, die sich u. a. auch auf die Widmung der Rudolphinischen Tafeln an den Kaiser bezogen und zu einem Übereinkommen führten, obwohl die Erben nicht eben leicht zu behandeln waren.[1])

Dagegen scheinen sich die Überlegungen wegen der Drucklegung der weiteren Veröffentlichungen lange hingezogen zu haben. Kepler hatte wieder an Ulm gedacht, doch hatte gerade damals auch in Württemberg die Gegenreformation eingesetzt und das Land in Unruhe versetzt. Da bot sich ihm eine Möglichkeit in Sagan unter der Herrschaft Friedlands. Nicht sogleich. Denn noch am 15. April schreibt er an Bernegger: „De Saganensi mea commoratione ad edendas observationes Tychonis Brahe nihil habebam solidi, nihil tutum aut admodum expetibile, quo te exhilararem. Si fortuna ista patroni hujus duraverit, perfacile tu poteris recipi Rostochium, affectat enim gloriam ex promotione literarum sine discrimine religionis. Sin versa fuerit facilius ego Argentinam ad te potero pervenire".[2])

Dann aber folgt die Entscheidung und am 26. April gibt Wallenstein an „unsern Landeshaubtmann des Herzogthumbs Sagan" die Weisung, Kepler „nit allein mit einer bequemen Wohnung gegen leidliche Bezahlung zu versehen, sondern auch sonsten in allen die behülfliche Hand zu bitten".

Damit ist der letzte Abschnitt im Leben Keplers eingeleitet, der Aufenthalt in Sagan, von dem auch die nachfolgenden Briefe berichten. Kepler, stets leicht befriedigt und versöhnt, wenn er die Möglichkeit ruhiger Arbeit gesichert sah, schätzt die Gunst des kaiserlichen Hofes hoch ein, die im Grunde doch nur mehr von dem Wunsche geleitet war, ihn, den Dissidenten und unbequemen Mahner gütlich los zu werden; er überschätzt auch die Versprechungen Wallensteins, die sich nicht erfüllten.[3]) Eins nur, die Fortführung

---

[1]) „Cum Braheanis conveni" schreibt er am 4. März 1628 an Bernegger.

[2]) Wallenstein, im Dezember 1627 siegreich vom dänischen Feldzug an den kaiserlichen Hof nach Brandeis bei Prag zurückgekehrt, stand damals auf der Höhe seines Einflußes. Am 1. Februar 1628 war er mit den mecklenburgischen Landen — als Ersatz für die Kriegskosten — belehnt worden und hatte die Herzogswürde und die Hoheitsrechte des Landes erhalten.

[3]) So schreibt er in der Eingangs (S. 48) genannten „Erwiderung an Bartsch" (Opera, Bd. VII, S. 582): „Decembri Pragam veni, Tabularum exemplaria Imperatori Ferdinando II., cui dedicaveram, exhibui. Nec mora, secuta eodem me fuit fama de exercitibus Caesareis in hiberna per Sueviam et Hassiam deductis. Quae fama cum ipsa per se propositum meum de loco editionis graviter perculisset, ex adverso Imperatoris tot victoriis aula splendidissima, fautores cultoresque mearum artium exhibuit exspectatione mea plures, quorum commendationibus provectus et Caesari opus dedicatum felicissimo successu approbavi dignusque judicatus fui, qui de Majestatis Suae munificentia ditior redderer, et exercituum Caesareorum, quos suspectabam, Praefecti Generalissimi Ducis Fridlandiae et Sagani Alberti gratiam consecutus sum; qui cum sit et Heros fortissimus et juxta scientiarum mathematicarum admirator eximius eaque conjunctione velut alter Hercules, idemque Imperatori addictissimus, ad primam

seiner Arbeiten, hat er im Auge. Die Übersiedelung nach Sagan erfolgte am 7. August 1628, nachdem er vorher die Familie in Regensburg abgeholt und vorausgeschickt, sowie seine Beziehungen in Linz gelöst hatte. Nicht leicht gewöhnt er sich ein, in dem Gefühl isoliert und verlassen zu sein. „Tu quoque, amice carissime — schreibt er im März 1629 an Bernegger — impenso tuo studio mihi commodandi dici non potest quantum me in hac turbulenta mea solitudine recrees. Nimirum et solitudo est, quae me sepositum ab urbibus Imperii angit, cum lente et cum sumtu magno commeant literae, et turbae reformationis, me quidem intacto at non aeque neglecto in occulto, exempla tamen et imagines tristes statuunt ob oculos, dum noti, amici, proximi subvertuntur, dum sermonis commercium cum perterrefactis metu intercipitur."

Nun stellt Kepler seine Hoffnung auf das Zusammenarbeiten mit seinem künftigen Schwiegersohn Jacob Bartsch,[1]) für welches er in jener „Responsio" vom 9. November 1629 seine Pläne entwickelt. Da setzen nun auch die folgenden Briefe Keplers an seinen Freund Philipp Müller ein. Sie zeugen, entgegen der gewöhnlichen Darstellung, die Kepler in jenen letzten Lebensjahren mutlos und über die Jahre gealtert erscheinen lassen, von seinem — trotz aller erlittenen Unbill — ungebrochenen Lebensmut und dem Willen zu neuer Arbeit — der Herausgabe der Beobachtungen Tycho Brahes. Die „Erwiederung an Bartsch" vom 9. November 1629 schließt mit den Worten:

„Tu vero, Bartschi charissime, quod felix faustumque sit, laborem hunc decumanum ingenti animo, securus futuri, mecum socio capesse Saturnumque tuum excubitorem ante fores colloca, qui omne taedium arceat. Furente namque procella naufragiumque minante publicum, potius nihil habemus, quam ut anchoram nostram studiorum innocuorum demittamus in fundum aeternitatis."

Es ist dieselbe Arbeitsfreudigkeit, die aus den ersten Zeilen der Briefe an Philipp Müller uns entgegenleuchtet.

---

mentionem hac me necessitate commorandi extra provincias Caesaris haereditarias eaque super re Caesarem interpellandi facile exsolvit, locum quietum Sagani clementissime concessit, annuum subsidium reliquae magnificentiae suae consentaneum nuncupavit, proelum etiam promisit, Caesareanis omnibus mirifice approbantibus".

[1]) Die Trauung desselben mit Keplers Tochter Susanna fand — nach Behebung der auch in den folgenden Briefen besprochenen Hindernisse — am 2. März 1630 in Straßburg unter dem Patronat Berneggers statt; die Ankunft der Vermählten in Sagan im Mai jenes Jahres.

2. Inhalt der Briefe von J. Kepler an Ph. Müller
aus den Jahren 1629—1630.

V. Sagan, 17./27. Oktober 1629.

„Inmitten des Zusammenbruchs von Städten, Provinzen und Staaten, von alten und neuen Geschlechtern, inmitten der Furcht vor barbarischen Überfällen, vor gewaltsamer Zerstörung von Heim und Herd sehe ich mich, ein Jünger des Mars, wenn auch kein jugendlicher, genötigt, Drucker zu dingen, und die Herausgabe der Tychonischen Beobachtungen vorzugeben oder auch wirklich anzufangen, ohne mir irgend welche Furcht anmerken zu lassen. Mit Gottes Hilfe will ich dies Werk auch wirklich zu Ende führen, und zwar auf militärische Weise, indem ich trotzig, kühn und übermütig heute meine Befehle erteile, die Sorge für mein Begräbnis aber dem morgigen Tag überlasse."

„Ich schicke zwei junge Leute, einen Setzer und einen Drucker; sie sollen in Leipzig eine Presse kaufen und M. Avianus soll ihnen angeben, was dort zu kaufen ist; auch sollen sie Typen gießen und Papier herstellen lassen."

„M. Bartsch schrieb mir nun unter dem 10./20. Oktober:

,Herrn Lic. Müller habe ich mit Deinem kürzlich angewiesenen Geld (36 Taler) nun den weiteren Betrag von 100 Talern zur Aufbewahrung übergeben. Du kannst also von dem Herrn Lic. auch diesen Betrag erbitten, wenn Du willst; ich werde ihm dann seinen Schein zurückgeben.' Er bittet mich allerdings, ihm womöglich vorher mitzuteilen, was ich tun will. Ich brauche aber das Geld im Augenblick und kann ihn nicht erreichen, da er sich nach Frankfurt aufgemacht hat. Ich bitte Dich daher im Vertrauen auf die nahen Beziehungen zwischen ihm und mir, so viel von meinem und dem Bartschischen Geld bereitzustellen, als die den Arbeitern gegebene Instruktion erfordert. Solltest Du aber für Dich den sicheren Weg vorziehen, so bitte ich Dich, für den Betrag, der 36 Taler übersteigt, Bürgschaft zu leisten, bis ich und Bartsch Zeit haben, uns brieflich zu verständigen."

„Insbesondere aber gebe ich mich, ganz wie wenn ich inzwischen mit dem Herrn Lic. in engere verwandtschaftliche Beziehungen getreten wäre, der Hoffnung hin, Du wollest den jungen Leuten, die in meinem Namen die Geschäfte besorgen, mit Deinem Rat und Deinem Ansehen beistehen, daß sie vorsichtig und möglichst billig einkaufen. Das Urteil über die Brauchbarkeit der Presse überlasse ich ihnen. Was getan wird, werde ich ohne jede Beschwerde gutheißen. Falls die Typen in Leipzig nicht gegossen werden können und dies daher in Wittenberg geschehen muß, ist der nötige Geldbetrag dorthin zu schaffen. Da kann ich mir nicht anders helfen, als daß ich Dich, verehrter Freund, bitte, Du wollest dem einen der beiden Arbeiter, der sich dorthin begibt, eine Anweisung an einen vertrauten Bekannten mitgeben, von dem Du sicher weißt, daß er zu einem solchen Dienst bereit ist. Oder wenn ein solches Geschäftsgebaren zwischen Gelehrten nicht üblich ist, so wird sich schon unter den Bekannten in Leipzig ein Kaufmann finden, der auf Dein Ersuchen mit einem Wittenberger Kaufmann verhandelt. Noch besser wäre es, wenn das ein Leipziger Typograph mit einem Wittenberger Gießer täte. Bürgschaft kannst Du ohne Risiko leisten, da bei Dir das Geld von Bartsch hinterlegt ist, oder auch im Vertrauen auf mich. Auch über das den jungen Leuten verabreichte Zehrgeld überlasse ich Dir die Verrechnung. Denn wenn Du siehst, daß es fehlt, dem einen nach Sagan, dem andern nach Wittenberg, so gebe ihnen etwas und rechne es mir auf; sie sollen es durch Unterschrift bezeugen. Sie haben von mir nur 4 Taler erhalten. Was der, der nach Wittenberg geht, nicht gerade unterwegs braucht, das kann in Wittenberg auf Deine Bitte und mit Deiner Bürgschaft der hinzufügen, der die übrigen Kosten auslegt."

„Was die Dänische Berechnung anlangt, so wundere ich mich nicht über das, was Bartsch schrieb. Die Prinzipien sind hier und dort derart, daß ich zweifle, ob die exzentrische Länge vom Äquinoktium an auf dem Umlauf um die Sonne an mehr als zwei Örtern des ganzen Epizykels von Venus und Merkur die gleiche sein kann. Die „Dänische Astronomie" kennt, glaube ich, diesen exzentrischen Epizykel nicht, noch auch die ungleichförmige Bewegung um den Ausgleichpunkt, und vielleicht auch nicht die Veränderlichkeit des Abstandes seines Befestigungspunktes von der Erde, wie sie bei mir auftritt. Auch ist mir nicht bekannt, ob die Epoche der Länge in beiden Fällen dieselbe ist. Ich habe die Epoche mit größter Umsicht für unsere Zeit, mit größter Wahrscheinlichkeit für die Zeit des Ptolemäus, unter Berücksichtigung seiner Beobachtungen, festgesetzt. Ich habe jedoch die Epoche der Schöpfung zugrunde gelegt, wobei ich die gleichförmige Bewegung als wirklich gleichförmige annahm, d. h. ich habe die säkulare Gleichung außer acht gelassen, die bei Saturn und Jupiter durchaus vorhanden ist, bei der Sonne wahrscheinlich auch. Davon ein anderesmal."

„Ich möchte noch das eine bezüglich der Presse hinzufügen. Solange die freilich gefahrvolle Sache meines Gönners [Wallenstein] gut steht, möchte ich das Geschäft unter allen Umständen ausführen. Sollte aber, wie das der Wechsel des Kriegsglücks mit sich bringen kann, ein Fall eintreten, durch den die Quelle seiner Freigebigkeit verstopft wird, was hoffentlich zum Glück

für das Christentum ferne liegt, so glaube ich zögern zu müssen. Für diesen
Fall möchte ich Dir als meinem vertrauten Freund die geheime Weisung
geben, meinen Leuten nicht zu gestatten, über ein gewisses mäßiges Angeld
hinauszugehen, und mir bis zu deren Rückkehr die Genehmigung des Kaufs
vorzubehalten. Doch soll vor ihrer Abreise alles geordnet werden, was auf
meine nachfolgende Anforderung hin zu dem Transport nötig ist, so daß die
Presse auch ohne Aufsicht eines Begleiters glücklich hierher geliefert werden
kann. Freilich steht Regen- und Winterwetter vor der Tür und es ist ein
solcher Fall nicht leicht zu befürchten; auch darf man haltlosen Gerüchten
nicht leichthin Glauben schenken. Schließlich möchte ich Dir versichern, daß
ich mich durchaus einverstanden und dankbar erweisen werde, auch wenn Du
ohne solchen Vorbehalt, der vielleicht unmöglich ist, einen Abschluß herbei-
führst oder alles Geld bei Abschließung des Geschäftes ausgibst. Auch möchte
ich Dir damit nicht einen Grund zum Zaudern geben, falls die Lage ungewiß
ist, sondern Dich zu festem Einstehen ermuntern, falls sie sich als wider
Erwarten ganz sicher erweist."

„Leb wohl! Gott befohlen."

VI. Sagan, 13./23. November 1629.

Die Presse ist besorgt. Kepler dankt für die aufgewandte Mühe, regelt
die Bezahlung und bittet, dem Gießer und dem Papiermacher endgültige Auf-
träge zu erteilen. Dann kommt er auf eine Familiensache zu sprechen:

„Wenn einer von Euch an Bartsch schreibt, so fügt bitte von mir hinzu,
daß ich ihm bereits dreimal geschrieben habe, aber auf zu weitläufigem Weg
und mit zu langsamen Boten. Sein Schicksal, wie die Sorgen meiner Tochter
quälen mich arg. Ihr ist ein zweiter Freier erstanden, der bereits ein Vermittlungsschreiben des Markgrafen von Baden, seines Gebieters, an mich geschickt hat; er hat Bernegger dafür gewonnen, Bartsch abzuraten. Seltsamer-
weise hat Bernegger versprochen, das zu tun. [Randbemerkung Keplers:]
(Er schickte zu Händen meiner Tochter einen abratenden Brief an Bartsch,
von dem sie Gebrauch machen könne, wenn sie wolle; und damit sie will,
setzte er ihr mit einem zweiten Brief zu. Er teilte ihr auch mit, er werde
Bartsch veranlassen, an Durlach vorbeizureisen und lieber zuerst direkt
nach Straßburg zu gehen, wenn er nicht in Butzbach bleibe.) Indessen
bin ich auf Grund des letzten Briefes meiner Tochter vom 7./17. Oktober
sicher, daß sie ganz unter meiner Botmäßigkeit stehen will. Ich aber halte
mich für verpflichtet und will unseren Verabredungen treu bleiben, solange
ich den Anblick der Sterne genießen darf."

„Dies aber ist der Gipfel der Verschlagenheit und Gewalttätigkeit: Da der Freier das Sekretariat des Fürsten inne hat, wird meine Tochter belagert, sodaß Briefe nur durch die Hand dieses Sekretärs an sie gelangen können. Auch ihr Brief an Bernegger, in dem sie ihre Standhaftigkeit bezeugt, wäre nicht an mich gelangt, wenn sie ihren Brief nicht dem Vermittlungsschreiben des Markgrafen hätte beilegen lassen, das sie gerne verhindert hätte. Auf der anderen Seite ist Bernegger durch die Überredungskunst des Freiers der Gedanke in den Kopf gesetzt worden, als neige meine Tochter mehr zu dem hin, den sie vor Augen hat und der gegenwärtig ist, der auch bei Hof Gunst genießt. Der Gipfel meiner Besorgnis liegt nun darin, Bartsch möchte erfahren, er werde von Bernegger zurückgehalten. Beide sind weit weg. Vielleicht bist Du besser unterrichtet, wo Bartsch ist, oder hast Du sicherere und geschicktere Gelegenheit, dem einen oder anderen oder beiden den näheren Sachverhalt zu schreiben. Meine Tochter ängstigt sich über das Gespött, dem einer von beiden notwendig ausgeliefert wird. Es ist dies eine ganz peinliche Qual für ihr Gemüt, das sich ebenso wegen ihres Versprechens wie wegen der beiden Personen arg ängstigt. [Randbemerkung:] (Bedenke auch, was für eine Qual es für das Mädchen ist, zwischen dem augenblicklichen Wunsch des Herzens und der Unkenntnis dessen, was zu geschehen hat, hin- und hergezerrt zu werden. Wenn doch Bartsch nie nach Halberstadt ausgerissen wäre! Er hätte meinen Brief, in dem ich meiner Tochter unsere Verabredung mitteile, unverzüglich übergeben; wenn sie auch von Bernegger erfahren hat, daß mein Brief unterwegs ist, so hat sie ihn doch noch nicht gelesen. Nur eine Abschrift meiner Einladung zu einer Verabredung hat sie gelesen.) Ein Gedanke jedoch bereitet mir Trost: Ich glaube, daß die Vorsorge eines guten Engels über der Sache wacht, auf dessen Mahnung ich auch dagegen war, daß Bartsch, wie er beabsichtigte, rein auf eigene Gefahr diese Reise unternahm, um den Sinn meiner Tochter auf die Probe zu stellen, ehe wir nicht unter uns unwiderruflich ins Reine gekommen wären. Denn in der Tat, wenn ich oder Bartsch von dieser Bindung befreit wären, so würde das Schreiben des Markgrafen wie ein Keil unseren Sinn sprengen, den meinigen durch die Furcht vor einer Beleidigung des Fürsten, den seinigen durch die Verzweiflung an der gewünschten Partie. Ja, meine Tochter hätte vermuten müssen, der Sinn des Vaters habe sich nach dem Ansehen des Vermittlers gerichtet; sie hätte sich so von der Verpflichtung gegenüber der früheren Verabredung des Vaters frei gefühlt und ihre Neigung dem gegenwärtigen Mann zugewandt!"

„Als ich das fürstliche Vermittlungsschreiben empfing, habe ich, ehe ich

es eröffnete, die ganze Sache an die Verwandten von Bartsch geschrieben und
mich zu jeder Art von Maßnahmen bereit erklärt, durch die sie glauben können,
dem Bedrohten zu helfen und sich selber Genugtuung zu verschaffen. In
Erwartung ihrer Antwort ist dies mein erstes Schreiben in der Sache, das
aus meiner Hand geht. Da sie nicht durch einen besonderen Boten antworten,
nehme ich an, daß sie meinen an sie gerichteten Brief an Bernegger schickten,
was ich ihnen durch einen beigelegten Zettel nahelegte."

„Ich schreibe Dir dies, Bester, weil Du Bartsch wie ein Vater bist; dafür
halte ich Dich und dafür hält auch er Dich, wie ich aus den Beteuerungen
bei Eurer neulichen Besprechung schließe. Nimm das gut auf und gib dem
Bedrängten guten Rat!"

In einem Nachwort kommt Kepler noch einmal auf die bestellten Typen
zurück und richtet an Müller eine Anfrage bezüglich griechischer Schrift-
zeichen, die er benötigt.

VII. Sagan, 4. Januar 1630.

„Wenn ich auch bis heute auf meine zwei Briefe keine Antwort von Dir
empfangen habe (es liegt nämlich ein für mich bestimmtes Bündel bereits seit
14 Tagen in Görlitz, da niemand da ist, der es besorgen und in seinen Koffer
einschließen will), so habe ich doch alle Hoffnung, daß meine Briefe Dich
erreicht haben . . ., sowie daß Du bei Deiner Freundlichkeit den Grundsatz
anerkennst, daß jede Art von Lebewesen und von Menschen von anderen Art-
genossen, also auch ich als Förderer der Astronomie von Dir als öffentlichem
Professor dieser Wissenschaft, speziell beim Druck der Tychonischen Beobachtungen, Hilfe erwarten darf. Wenn mich meine Hoffnung nicht trügt, weder
im einen noch im andern Punkt, so folgt, daß ich glauben muß, daß die
Typen in der alten Ciceronianischen Schrift bereits gegossen und fertig sind,
und daß die drei Rollen Papier von Eurem benachbarten Fabrikanten bereits
hergestellt und nach Leipzig geliefert sind. Ich habe daher mit den hiesigen
Kaufleuten und den Saganer Fuhrboten verhandelt, sie sollen alle für mich
bestimmten Güter vom Gießer und Papierfabrikanten nach Deiner Angabe auf
ihre Wagen und Frachtfuhrwerke nehmen. Wenn Du den Gießer mit meinem
und Bartschs Geld schon befriedigt hast, hoffe ich, er werde die Typen nach
Vorschrift gegossen haben. Wenn aber der Gießer geduldig ist und Dir keine
Unannehmlichkeit daraus erwächst, möchte ich die Ware durchsehen, ehe er
den ganzen verabredeten Preis erhält. Er kann auf Dein Wort hin wohl leicht
und ohne Risiko die Ware herausgeben, besonders wenn er sich bewußt ist,
daß er Sorgfalt angewandt und die Vorschriften eingehalten hat. Du brauchst

dabei in keiner Weise zu Schaden zu kommen; denn was Du verausgabst oder versprichst, das kannst Du ohne unseren Widerspruch aus meinem und Bartschs Geld entnehmen."

Von Bartsch weiß Kepler nur, daß er am 13./23. November auf einer Reise nach Durlach begriffen war, von Straßburg aus. Er redet dann weiter von der Bezahlung seiner Schulden für Druckpapier und schließt mit den Worten:

„Der Würfel ist gefallen. Was auch an die Öffentlichkeit kommen mag, ich muß voranmachen, um das zu vollenden, was ich begonnen habe. Dazu brauche ich vor allem die bestellten Typen. Wenn ich Sagan sollte verlassen müssen, möchte ich lieber etwas Fertiges hinterlassen, als verstümmelte Bruchstücke."

VIII. Sagan, 16./26. Januar 1630.

Der Brief enthält nur kurze geschäftliche Mitteilungen betreffs Lieferung von Papier und dessen Verwendung. Kepler hat von Prag acht Ballen Papier bekommen und erwartet weitere Lieferungen von dort und von Leipzig. Das Prager Papier will er für seine Ephemeriden verwenden, mit deren Druck bereits begonnen worden sei. Das Leipziger Papier will er für die Tychonischen Beobachtungen reservieren. Außerdem habe er kurz vorher den „Chinesischen Brief" (des Jesuiten Terrentius) mit seiner Erwiderung drucken lassen.

IX. Sagan, 27. Februar 1630.

„Ich habe vor zehn Tagen nach Lauban geschrieben und ein Paket dorthin geschickt mit der Bitte an meinen Verwandten Christoph Hofmann, er möge durch passierende Fuhrboten das Paket Dir zusenden und meine Typen nach Görlitz schaffen lassen. Vor vier Tagen habe ich auch ein Paket mit 500 Exemplaren auf demselben Weg abgeschickt, das Eurem Voigt übergeben werden soll. Ich bereue nun beide Entschlüsse, nachdem ich unerwartet einen Saganer Bürger getroffen habe, der Waren direkt nach Leipzig schickt und dessen Fuhrwerk auf der Stelle mit einigen Fässern Wein zurückkehren wird." Dem könnten Typen und Papier mitgegeben werden. — Es folgen noch einige weitere Bemerkungen über Beschaffung und Bezahlung von Papier und Typen.

„Ich glaube, ich habe meinem früheren Paket den „Chinesischen Brief" beigelegt. Ich habe jedoch K. Voigt den Auftrag gegeben, daß er zwar das Paket mit den 500 Exemplaren aufheben, aber Dir und Avianus je ein Exemplar geben soll. Hier schicke ich noch ein Exemplar, der Sicherheit halber. Ich erwarte Antwort betreffs der einzelnen Exemplare, sowie Dein offenes Urteil, nicht nur in astronomischer Hinsicht (das wirst Du, wie ich weiß, von selber abgeben), sondern auch in ethischer Hinsicht, was Du, wie ich glaube, verweigern würdest, wenn man Dich nicht drängte. Ich gehe, wohin der Weg offen ist; glücklicher, aber nicht heiliger ist der, der geht, wohin er mag. Ich gratuliere betrübt über die Betrübten, als Deutscher über das alte königliche, jetzt ebenfalls deutsche Blut. Mit diesen Worten soll mein Patron dem Heinrich Friedrich zu dem Sieg über Dumetum gratuliert haben. Wenn uns im letzten Jahrzehnt das Schicksal Deutschlands nur Ungeheuerlichkeiten gebracht hat, was Wunder, wenn auch meine Redeweise Ungeheuerlichkeiten enthält, wenn meine Worte nicht kräftiger sind, als die Taten des Vaterlandes?"

„Ich erwarte große Proben von mutiger Gesinnung aus Eurem Meißen; diese will ich dann auch in meiner Redeweise nachahmen."

X. Sagan, 22. April 1630.

„Kürzlich von Gitschin zurückgekehrt, wo mich mein Gönner drei Wochen lang hingehalten hat (er und ich haben viel Zeit dabei verloren), bin ich nun durch die Niederkunft meiner Frau und durch die Vorbereitung der Taufe meines Töchterchens sehr beschäftigt. Ich muß mich daher ganz kurz fassen. Ich sende in einem Faß 600 Exemplare der Ephemeriden auf die Jahre 1630, 31, 32, 33, die Voigt in Verwahrung gegeben werden sollen, bis Tampach aus Frankfurt schreibt, was mit ihnen geschehen soll, oder bis ich die früheren Jahrgänge von 1621 an oder Bartsch die von 34, 35, 36 dazuschickt, damit so ein ganzes Werk über 20 Jahre vorliegt. Zweitens schicke ich ein einzelnes Exemplar der vier Jahrgänge, dem die ersten zwei Seiten fehlen, die ich Dir früher geschickt habe. Drittens schicke ich $13^3/_4$ Imperialen für meine restliche Schuld. Ich schicke aber gleichzeitig noch viertens Ergänzungen zu den neulich gegossenen Typen, die noch ausgeführt werden müssen. Der Gießer soll nicht eher voll bezahlt werden, als bis er auch diese Typen vollständig geliefert hat." Es folgen noch weitere Bemerkungen über die Lieferung von Typen und astronomischen Zeichen.

„Meine Arbeiter wurden durch meine Abwesenheit aufgehalten. Sie druckten daher an Stelle der Ephemeriden die „Astronomie des Mondes' mit Anmerkungen; es sind bereits sechs Seiten fertig. Dazu wird eine neue Übersetzung der Schrift von Plutarch über das Mondgesicht kommen. Aber das Schriftchen wird auf andere Pausen beim Ephemeridenwerk verschoben."

„Bartsch ist nach vollzogener Heirat mit seiner Frau, meiner Tochter, nach Frankfurt gegangen. Von dort schrieb er an die Seinigen nach Lauban, er werde nach Eurer Messe kommen. Daher gedenke ich Dich als Vermittler

zu benutzen, um ihn dringend zu bitten, er möge eilends mit seiner Frau nach
Sagan kommen zur Taufe meines Töchterchens und sich auch bei seiner Frau
wegen des Taufkleidchens ins Mittel legen, das sie in Ulm mit eigener Hand
für meine Frau gewoben hat. Aber es pressiert; am 14./24. April wird, wenn
es Gott gefällt, die hl. Handlung vorgenommen, d. h. in drei Tagen, während
ich nicht weiß, ob dieser Brief morgen abgehen wird . . ."

„Zu allen Deinen früheren Dienstleistungen hinzu bitte ich Dich sehr, Du
wollest auch das noch übernehmen und bei Voigt durch eine geeignete Person
erkunden, ob und mit welcher Bereitwilligkeit, mit welcher Miene Voigt mein
Faß in Verwahrung nimmt, besonders wenn Tampach bei seiner Launenhaftig-
keit nichts schreibt. Ich bin bereit, wie ich geschrieben habe, für die Aufbewahrung zu bezahlen, was billig ist."

„Recht sehr ärgere ich mich über die bereits zwei Jahre dauernde Verzögerung des Nürnbergers in Herstellung der Landkarte, auf welcher, wenn
ich die Wahrheit sagen soll, für das Tafelwerk nur die Meridiane zu brauchen
sind. Die Küsten der Festländer, die außer den Meridianen angebracht werden
und bei denen der Stecher so lange verweilt (ich weiß nicht, was für eine
verborgene Kunstfertigkeit er einem glauben machen will), sind unsicher und
immer verbesserungsbedürftig, wenn weitere Beobachtungen gemacht werden.
Aus meinen 120 Gulden, die daselbst seit zwei Jahren hinterlegt und wahrscheinlich bereits verbraucht sind, würde ich mir nicht soviel machen, wenn
nur einmal das Werk herauskäme."

XI. Sagan, 26. August 1630.

Der Brief ist ein Begleitschreiben zu den Ephemeriden, die Kepler in
600 Exemplaren nach Leipzig schickt und die von da auf die Buchmesse nach
Frankfurt gesandt werden sollen. Kepler zählt im einzelnen den Inhalt der
Fässer auf, in denen die Schriften verpackt sind, und gibt Anweisung über
den Versand. Ferner gibt er den Titel an, unter dem sein Werk in den
Messekatalog angenommen werden soll.

XII. Sagan, 2. September 1630.

Ich hoffe, daß der Brief, den ich vor sechs Tagen nach Torgau geschickt
habe, mit den Ephemeridenpaketen in Leipzig angelangt und Dir übergeben
worden ist. Um für die Ephemeridenexemplare in Frankfurt zu sorgen . . .,
sende ich hier den Bruder meines Schwiegersohnes, Friedrich Bartsch, nach.
Laß ihm, ich bitte Dich sehr darum, Deine Ratschläge sowohl in Bezug auf

die Ankündigung im Katalog, wie auf die Verteilung der Schriften zukommen. Wenn ihn Dein Rat auch nicht verpflichtet, meine Weisungen, die ich ihm mündlich gegeben habe, auf die Seite zu schieben, so wird er ihn doch an vieles mahnen, auf was er vielleicht selber nicht käme. Außerdem habe ich ihn nur mit einem sehr spärlichen Reisegeld ausgestattet, besonders wegen der Gefahren, denen man gegenwärtig auf Reisen ausgesetzt ist. Etwas weniges habe ich hinzugefügt, was er von Eurem Bürger Sebastian Meier auf Grund eines Wechsels unseres Bürgers Paul Werner erbitten soll. Wenn auch keine Befürchtung vorliegt, daß dieser Schein ihn in seiner Erwartung täuscht, so bitte ich Dich doch, wenn bei dem gegenwärtigen Stand der Dinge etwas Unerwartetes eintreten sollte, Du wollest ihm auf seine Bitte geben, was zum Reisen notwendig ist, für Leipzig in barem Geld, für Frankfurt in einer Anweisung, da er hier noch mit niemand Verkehr hat. Du darfst die Rückzahlung dessen, was Du ihm gibst, ohne Verzug von mir erwarten. Ich gebe ihm die übrigen vier Jahrgänge des dritten Teils der Ephemeriden mit, zusammen mit dem Titelblatt, damit Du den Band vollständig besitzest. Den Titel, den ich meinem Gönner gab, wirst Du mit guten Gründen entschuldigen. Was der Kaiser den Kurfürsten und der Reichskanzlei diktiert, was mein Patron in Briefen, Verordnungen und auf Münzen sich nennt, was die Untertanen des Fürsten von Mecklenburg angenommen haben, das habe ich nicht das Recht zu entkräften. Ich bin ja nicht gedungen als Herold des Titels; aber da ich notwendig für den Fürsten eine Widmung schreiben mußte, mußte ich dabei die feierliche Anrede anwenden. Auch hat die Wahl des Titels meinerseits nicht die früheren Fürsten von ihren Sitzen vertrieben; sie wird auch niemandes Glück hindern. Der Titel kann auf Grund der Belehnung an zweiter Stelle zugestanden werden ohne Unrecht denen gegenüber, die frühere Rechte besitzen. Und wenn die Wut des Schicksals nicht noch grimmiger haust, so kann ein Frieden erwachsen, bei dem uns der Titel verbleibt und die Provinzen ihren Herren zurückgegeben werden. Ich hätte als Bischöfe von Magdeburg und Halberstadt früher den Sachsensohn, jetzt den Kaisersohn begrüßt, wenn ich ihnen etwas zu schreiben gehabt hätte. — Leb wohl! Schicke mir auch Boten mit erfreulichen Nachrichten, wenn in Leipzig billig welche zu haben sind."

3. Text der Briefe.

V. J. Kepler an Ph. Müller. Sagan, 17./27. Oktober 1629.

Paris, Bibliothèque de l'Observatoire. Manuscr. B, 1, 9 (89). Original fehlt.
Abschrift eingetragen unter 89; 8, K.

S. P. D.

Clarissime amicissimeque Vir.

Inter ruinas oppidorum, provinciarum, rerump[ublicarum], domuum antiquarum, novarum, inter metus irruptionum barbaricarum, oppressionum domesticarum, cogor tamen ego, Martis quippe alumnus et tantum non pullus, typographos conducere, editionem Obervationum Braheanarum vel simulare, vel inchoare etiam, dissimulato strenue omni metu. Id quidem et faciam cum bono Deo, more militari, hodie imperiis exultans saeviens furens, curam meae sepulturae crastino transmittens.

Mitto duo adolescentes, collectorem et impressorem, qui praelum emant Lipsiae, indicante M. Aviano, quodnam ibi venale, typos etiam fundendos locent, et papyrum conficiendam.

Scripsit vero noster M. Bartschius de 10./20. octobris ista verba:

„D. Lic. Mollero, cum tua proxime indicata pecunia, triginta sex Joachimicorum custodiendos dedi, jam centum Joachimicos; poteris igitur a Dn. Lic. etiam meos repetere, quando volueris, et ego ipsius Chirographum reddam.“

Petit quidem, si fieri possit, ut prius ipsi significem, quid mihi placuerit. Ego vero in praesens opus habeo pecuniis, nec ipsum Francofurtum avolantem possum consequi. Rogo itaque, si fidis necessitudini inter nos contractae tantum et de mea et de Bartschiana pecunia exponas, quantum erit opus secundum quod habet instructio data operariis dictis: sin autem mavis res tuas habere securas consumptis igitur 36 Joachimicis, qui mei sunt, de reliquo sponsionem interponas interim, dum tempus habeamus, ego et Bartschius, per literas conveniendi.

Imprimis autem, veluti si major inter Dn. L. et me hactenus intercessisset necessitudo et familiaritas, totus in hanc spem recumbo, fore ut consilio et authoritate tua adolescentibus praesis, meo nomine contrahentibus, ut caute et quam poterit fieri, parce contrahant. De aptitudine instrumenti judicium ipsis permitto. Quicquid factum fuerit, ratum habebo sine omni querela. Ad typos, si Lipsiae non poterunt, Witebergae ergo fundendos Lipsia sumptus erunt transferendi. Hic aliter non possum, quam Ex. T. rogare, ut Cambianas alteri eo concessuro literas det ad aliquem necessariorum, quorum de promptitudine ad hoc genus officii certus sis. Aut si minus inter literatos vigent hujusmodi commercia, non deerit Lipsiae e notis mercator, qui ad tuam petitionem cum mercatore Witebergensi agat, aut melius typographus Lipsiensis cum fusore Witebergensi. Fidem et sponsionem tuam interpones sine periculo, dum in deposito habebis pecunias Bartschii, vel etiam mihi fidens. Etiam de viatico adolescentibus dato, rationes ad te remitto; nam si videris aliquid deesse, alteri Saganum, alteri Witebergam, addes iis aliquid, mihique imputabis, quicquid manu sua testabuntur: non plus enim quatuor Joachimicis a me acceperunt. Quodque ei, qui Witebergam abit, non consulto in medium iter credetur, id saltem Witebergae tuo rogatu et sponsione is qui caeteros sumptus erogabit adjicere poterit.

De Danico calculo quod scripsit Bartschius, nihil miror. Principia sunt hinc et inde talia, ut haud sciam, an plus duobus totius Epicycli ♀ ☿ locis longitudo eccentrica ab aequinoctio circa solem, possit esse eadem. Non habet Danica Astr[onomia], puto, Epicyclum hunc eccentricum, non motus inaequalis circa punctum aequatorium, et forte neque variabili distantia ejus puncti affixionis a terra, ut penes me; incompertum etiam mihi, an Epocha long[itudinis] Epicycli utrobique eadem: quam ego quidem circumspectissime ad nostra tempora, probabilissime ad Ptolemaica, nec sine testimonio ejus observationum constitui: indulsi tamen Epochae creationis, supponens aequabilem motum vero aequabilem, sine scilicet aequatione saeculari, quae in ♄ ♃ omnino est aliqua, in ☉ probabiliter: de quo alias.

Unum addo de praelo. Rebus Patroni mei salvis utcunque periculosis, omnino mihi pergendum est in contractu. Si tamen, ut fortuna belli fert, talis aliquis casus interea existeret, quo fons ejus liberalitatis certo obturatus appareret, quod bono Christianitatis, longe absit, opto: cunctandum sane censuerim: Eoque Cl. D. Tuae, ut intimo, in arcanis concredo mandatum hoc, uti tunc non ultra arrham aliquam modicam illos progredi patiaris, ratificationem mihi usque ad eorum reditum reservatam praestes; dispositis tamen ante abitum illorum omnibus, quae ad sequentem meam postulationem erunt transportationi necessaria, ut etiam sine custode comite praelum salvum transferri possit. Quanquam hyems adest, et hiberna, nec tale quid facile expectandum porro: neque rumoribus incertis fides leviter habenda. Denique scias, omnino me ratum et gratum habiturum, etiamsi sine tali cautela, quae fere impossibilis, concluseris, aut contractum pecunia expensa consummaveris. Nec enim haesitandi tibi hic materiam objectam velim, rebus incertis, sed saltem consistendi, rebus ex inopinato certissimis.

Vale Deo commendatus

17./27. Oct. 1629. Sagani.

Cl. D. Tuae

officiosissimus

Joannes Keplerus
Mathematicus.

Clarissimo Excellentissimoque Viro Dno.
  Philippo Mollero Medicinae Licent.
  Mathematices in Academia Lipsiensi
Professori celeberrimo Dno. amico meo
veteri fide colendo

Lips.

VI. J. Kepler an Ph. Müller. Sagan, 13./23. November 1629.

Paris, Bibliothèque de l'Obseratoire. Manuscr. B, 1, 9 (89). Original fehlt.

Abschrift eingetragen unter 89, 8; L.

S. P. D.

Clarissime Excellentissimeque Vir, D. amice pretiose.

Reversi sunt ad me operarii mei 8./18. Novembris, relicto praelo Dresdae ob penuriam aurigarum, quam tamen a monetario nostro intra paucos dies pensatum iri spero. Cum igitur hac ipsa vespera se mihi obtulerit tabellarius Saganensis, Halberstadium cursurus, cui iter Torga traducitur; ego tempori consulturus breviculas hasce ei tradidi, ut eas Torga Lipsiam mitteret. Gratias ago vobis pro opera impensa; mihi plane satisfactum est, eaque de causa mitto quittantiam pro summa expensa; quam ego vel Bartschius loco praesentis pecuniae acceptare teneamur. Caeterum, quia fusor habet instructionem fundendi typos, Papyrarius etiam habet formam papyri: expectat vero uterque, ut prius rata pronunciem, quae Operarii meo nomine constituerunt: insuper Cl. Exc. T. mihi exoranda est, ut utrumque sine mora pergere jubeat; ut et scripturam Cicero dictam,[1] etsi usque ad 150 libras excurrerit, et tres ballas papyri, cum primis aurigis Vratislaviam euntibus, Saganumque trans-

---

[1] [Randbemerkung:] Die Cicero Schrifft an Ir selber ¼ Centners, die Ziffer aber auf gleiche Kegel heuffig sampt puncten, accenten ⟩ / v κ langen und kurtzen divisen —— — — — und quadraten, zusammen auch ⅓ Centners.

euntibus mittere possint. Ego interim non desistam percontari, si Saganensium aurigarum quispiam Lipsiam iturus est, ut cum eo coram contraham: eumque vobis offeram, ut vos sollicitudine hac, si fieri poterit, et si praeveneritis, liberem. Pecunia mea, quia non sufficiet, Bartschiana erit delibanda; idque ubi fuerit factum continuo Bartschium velim resciscere.

Si alteruter vestrum scripserit: rogo addite hoc ex me, quod ternis jam ad ipsum quoque scripsi, viis longinquioribus et segnioribus curatoribus; discruciari me ejus fortuna et filiae meae curis; cui alter procus imminet, qui jam Marchionis Badensis heri sui intercessorias ad me misit, qui Perneggerum conduxit, ut Bartschium dehortaretur: quod is, mirum, et praestare acceptat.[1]) At interim literis filiae ultimis de 7./17. octobris certus sum, illam in mea unius potestate esse velle: Ego vero fidem pactis nostris praestare et teneor et volo, dum astrorum aspectu fruor.

Summa quidem haec et calliditas et vis est. Obsidetur filia mea, cum procus Secretarium agat Principis, ut literae ad illam nullae nisi per manus hujus Secretarii pervenire possint; neque illius ad Perneggerum, quibus de sua testaretur constantia, ad me quoque fortasse non pervenissent, nisi dedisset jungendas suas intercessoriis Marchionis, quas illa tamen impeditas cupiebat. Vicissim Perneggero sollicitudo injecta est, arte proci, quasi filia mea inclinaret magis ad visum et praesentem, qui floret gratia aulica. Summa igitur meae sollicitudinis haec est, ne Bartschius a Perneggero se sentiatur retineri. Longinqui sunt et hic et ille. Vobis fortasse compertius est, ubi sit Bartschius, aut certiores et parabiliores occasiones scribendi recta vel ad hunc vel ad illum, vel ad utrumque. Angitur mea filia super ludibrio, quod necesse est alterutri obvenire.[2]) Exquisitissima haec est vexatio animi et de fide sua et de utraque persona sollicitissimi: in qua tamen me sublevat haec cogitatio, quod providentiam boni angeli excubare puto, ut cujus monitu factum, ut nollem Bartschium, ut agitabat animo, suo mero periculo iter hoc ad pertentandum animum filiae meae suscipere, nisi prius inter nos irrevocabiliter convenisset. Nam profecto si vel ego vel Bartschius hoc nexu jam essemus soluti: intercessoriae istae Principis cunei loco jam essent ad diffindendos nostros animos,

----

[1]) [Randbemerkung:] Missis ad manus filiae meae dehortatoriis ad Bartschium, quibus filia mea uteretur si vellet, et ut vellet, secundis ad illam scriptis insistit: Significavit etiam, se Bartschio authorem futurum, ut Durlachio praeterito, Argentinam potius nisi Putzbachii subsistat, primum adire velit.

[2]) [Randbemerkung:] Et cogita quale tormentum puellae, differri inter praesens placitum, et incognitum necessarium. Utinam nunquam Bartschius Halberstadium excurrisset; literas meas quibus filiae communico pacta nostra, sine mora tradidisset, quas etsi in itinere esse filia mea a Perneggero est edocta, nondum tamen legit: solas copias invitationis meae ad paciscendum coram legit.

meum quidem, metu offensae Principis, illius vero, desperatione conditionis expetitae. Quin etiam filia mea animum patris ex authoritate intercessoris praesumens, et religione exsoluta pacti paterni antiquioris rati habendi dudum ad praesentem inclinasset.

Ego receptis intercessoriis Principis, necdum resignatis, rem omnem ad consanguineos Bartschii perscripsi, offerens me ad omne genus conditionum, quibus periclitanti subveniri posse sibique ipsis satisfieri existiment. Quorum responsum dum expecto, has interim primas ex manibus meis emitto, de hoc negocio. Reor illos, quia non respondent per proprium tabellarium, literas meas ad se, transmissuros Perneggero, sic enim per intrusam schedam leviter monui.

Haec ad te, Virorum optime, quod te Bartschio parentis loco et habeam, et ab ipso haberi credam iis inductus documentis, quae nupera vestra dedit conversatio. Tu boni consule imo laboranti bene consule, et vale. Dabam Sagani $\frac{13}{23}$ Novemb. 1629.

Cl. Ex. T.

devinctissimus

Jo. Keplerus
Mathematicus.

Obsecro me doceas, nullasne meas Bartschius ante abitum ultimum Lipsia receperit? et si quas, quo argumento? Primis enim exprobravi ipsi moras, edocui de rivali: alteris sedatius scripsi, cum Perneggerus me cura levasset, qui filiae meae adventum Bartschii significaverat.

Cl. V. D. Aviano me excusa, quod majoribus curis nunc occupatus ad ipsius literas non respondeo.

Significarunt operarii, habere te in animo, materiam typis fundendis redimere pretio viliori a quodam oeconomo. Id equidem et quicquid infra 33 imperiales pactus fueris aut, si etiam irrito laboraveris, beneficii mihi loco erit, si curandum susceperis. Et quia immixta est Scriptura Graeca, quae seorsim venalis est: scire cupio, num illa plena sit; num decurtari ad Saganensium altitudinem possit. Scribat pretium et mittat exemplum. Forte enim et illud residuum redempturus sum alia occasione.

Der Gießer wölle nit vergeßen, die zween Characteres ✳ und ✸ zu schneiden und jedes bey 60 oder 100; auf den niedern Garemond-Kegel und zu der Ephemerides Schrifft zu güßen, nit auf die Saganische Höhe, wie Ime dan des Kegels form gelaßen worden.

Clarissimo Excellentissimoque Viro D. Philippo Millero, Medicinae Licentiato, Matheseos in Academia Lipsiana Professori, Stipendiariorumque Electoralium inspectori, D. amico meo colendissimo.

Zu Torga bey einen gewißen nach Leipzig lauffenden Botten neben einem Drinckgeldt abzulegen.	Leipzig. alda dem Torgischen Botten noch ein Drinckgeld zuzustellen.

VII. J. Kepler an Ph. Müller. Sagan, 4. Januar 1630.

Paris, Bibliothèque de l'Observatoire. Manuscr. B, 1, 9 (89). Original fehlt.

Abschrift eingetragen unter 89, 8; M.

S. P. et foelicissimi
ineuntis anni omina.

Clarissime Excellentissimeque Vir, D. amice veteri fide.

Etsi ad duas meas epistolas nihil ego ad hanc usque diem abs Ex. T. accepi responsi (haeret enim fasciculus ad me spectans Görlicii jam per 14 dies, absente quippe, qui eas curaturus, cista sua conclusit),[1]) spe tamen plenus sum, et perlatas meas ad te (praesertim priores, Torgae a nostro Saganensi latore Halberstadium eunte traditas Tabellario Lipsensi noto, cum Angelio) et te, qua es aequanimitate, sic tecum statuere, unum quodlibet genus et animantum et hominum a sui generis aliis, qua re et me Astronomiae cultorem abs te ejusdem professore publico, opem, in excudendis praesertim Observationibus Brahei expectare debere. Si me non fallit spes mea, nec in uno nec in altero: sequitur, ut credam, typos Ciceroniano antiquo charactere jam fusos et perfectos esse; papyri etiam tres moles a papyrario vestro vicino jam confectas Lipsiamque advectas esse. Egi igitur cum nostratibus mercatoribus et aurigis Saganensibus; ut quicquid erit sarcinarum ad me spectantium, id tuo indicio a fusore et papyrario in currus et plaustra sua recipiant. Si fusori jam satisfecisti de meis Bartschianisve pecuniis, sperabo typos ad praescriptum per-

---

[1]) [Randbemerkung:] Cum inclusa quitantia pro 53 Thaleris imp. ut petiisti.

fectos futuros. Sin autem aequo animo patitur fusor neque tibi molestia nascetur: velim sane prius recognoscere mercem, quam pretium condictum ipse universum recipiat. Poterit enim te sponsore mercem facile et sine periculo e sua potestate emittere; praesertim si diligentiae adhibitae et observatae praescriptionis sibi erit conscius. Tu vero in damno nequaquam esse debes: quicquid enim vel erogasti vel promittes: de meis et Bartschianis pecuniis, sine nostra contradictione defalcabis.

De Bartschio hoc unum habemus ex relatu studiosi Laubanensis, Argentorato domum reversi: illum $\frac{7}{17}$. Novembris Argentoratum pervenisse, die vero $\frac{13}{23}$· quo nuncius hujus rei Argentorato discessit, ab urbe abfuisse, Durlacum profectum. Quid ille tibi dederit in mandatis de suis pecuniis, mihi est incompertum. Non puto, per Lipsiam esse reversurum. Itaque si nulla habes contraria mandata, decerpe etiam de eo, quod ille meis pecuniis superaddidit, quantum opus erit. Sin aliter est: mercator Hofcunz paratus est exsolvere, quantum mihi insuper erit necesse. Summa meae pecuniae erat, ni fallor, 76 Joachimici; de qua retines nunc non totos 23: quibus pro typis addendi 10 vel quod minus poteris; tum jam tribus ballis papyri conductae, et pro duabus aliis vulgaris impressoriae, quas rogavi Avianum ut coëmeret. Alea jacta est: quicquid fiat in publicis, pergendum mihi est in perficiendis inceptis: omnino typi conducti requiruntur ad perfectionem: ut, si etiam discedendum Sagano fuerit, integra potius relinquam, quam mutila et disjecta. Caetera scripsi ad D. M. Avianum, rogo D. Tua cum illo communicet. Et jam vale.

Sagani 4. Januarii anno 1630.

Cl. Ex. T.

officiis devotus

J. Keppler
Mathematicus.

Clarissimo Excellentissimoque viro D.
Philippo Millero, Medicinae Licentiato,
Astronomiae Professori in Academia
Lipsiaca, D. amico benevolentissimo
                    Leipzig.
In abweßen Herrn
M. Wilhelm Aviano
zu erbrechen.

VIII. J. Kepler an Ph. Müller. Sagan, 16./26. Januar 1630.

Paris, Bibl. Nat. Nouv. acq. lat. Cod. 1635. Original fehlt.

Abschrift, signiert 89,8; N. Fol. 96ᵃ,ᵇ.

S. P. D.

Clarissime, amicissimeque vir.

Accepi tres epistolas 20, 26. Dec., 4. Jan.

Omnes gratissimam habent officiorum operaeque a te susceptae significationem. Ad eas satis habes responsionis, quod scis esse redditas. De reliquo tanquam super communi, ut est, negocio, ad te refero; ut ex sufficienti notitia lux tibi affulgeat in procuranda papyro. Die $\frac{7}{17}$ Jan. tandem mihi redditae sunt octo moles Papyri majoris Pragensis, forma paulo angustiori, quam vestra Lipsensis erat, quae mihi ad Sportulam missa. Si vero habes exemplar Sportulae, papyro alia Pragensi; ea ipsa nunc quoque est forma. Addita promissio adhuc duodecim molium, jam locatarum a Camera Gitschinensi. Tu igitur, primo omnium curam habe indemnitatis tuae, addo et existimationis, fide ea quam de te habent Grossiani, satagis. Praeter hanc, si adhuc res est integra, in praesens quidem, facturam eam, quantum restiterit, inhibe. Nam etsi petii a Gitschinensi Camera, ut 50 florenos Lipsiam mittant, pro ea papyro, quam ut subsidiariam ibi procuraverim: nihil ii tamen respondent. Itaque pro ea, quam jam vel redimisti, vel locasti conficiendam, de meo proprio erit mihi satisfaciendum. Ante diem dictam sumpsimus Epistolam Chinensem cum commentatiuncula mea exprimendam in papyro [¹)] parva. In dedicatione substitimus, retuli enim ad generalem, et joci usurpati et tituli causa. Statim ut recepta papyrus, Ephemeridas sumus adorti, jamque duas habemus paginas unam ex 1630, unam ex 1631. Nam ex 1630 Bartschius semissem tantum Argentorato remisit; pollicitus se alterum semissem, ut postae parceretur, postmissurum. Et retulit Hofcuntius fasciculum allatum ad vestrum cursorem magistrum, quem ipse discedens cum vellet suscipere, jam tabellarium Görlicensem cum eo digressum fuisse. Eum fasciculum spero me abhinc octiduo recepturum. Aut si minus is habet Ephemeridis semissem, tabellarius tamen noster Laubanensis afferret: jam enim alter illi currenti mensis ad finem venit.

Papyrum Lipsiacam, si qua jam parata est, reservabo ad Observationes, distributa ea in tot partes, quot paginas putabo insumpturum exemplar unum.

Satis pro Ephemeridibus lata est Pragensis. Requiretur tamen diligentia a compactoribus, si quatuor impressas in forma majori conjunctum sunt. Pro-

---

¹) [Lücke; ausgefallen ist wahrscheinlich die Bezeichnung des Papiers.]

perat auriga. Da veniam brevitati! D. Aviano diligenter et officiose gratias ago pro 2 molibus. Aurigas Vratislavienses hic transeuntes rogabo, ut tempori se offerant fusori. Vale. Sagani, $\frac{18}{28}$ Jan. 1630.

Cl. Ex. T.

officiose colens

J. Kepler
Mathematicus.

Clarissimo Excellentissimoque Viro Philippo Millero, Medicinae Licenciato, Professori Philosophiae in Academia Lipsensi, D. amico benevolentissimo

Leipzig.

IX. J. Kepler an Ph. Müller. Sagan, 27. Februar 1630.

Paris, Bibl. Nat. Nouv. acq. lat. Cod. 1635.

Original, signiert 89, 8; F 19. Fol. 98ᵃ·ᵇ. — Abschrift, signiert 89, 8; O. Fol. 97ᵃ·ᵇ.

S. P. D.

Clarissime Excellentissimeque Vir.

Scripsi ante 10 dies Laubam misique fasciculu[m ad D.][1]) Tuam, rogans affinem meum Christopho[rum Hofm]an, ut per transeuntes aurigas fasciculum [ad Te] mitteret, et typos meos asportari Görlicium curaret. Ante quatriduum etiam sarcinam 500 Exemplarium, eodem itinere misi, tradendam Voigtio vestro: Utriusque consilii jam poenitet, postquam ex improviso in civem Saganensem incidi, qui merces recta Lipsiam mittit, cujus vehes e vestigio Saganum revertetur cum aliquot vini doliis. Itaque si nondum praevertit jamque asportavit alius auriga, Lauba commendatus, rogo huic jam tradi cures et typos, et quicquid de tribus molibus papyri necessario retinendum est, nec renunciari sine offensa potest; pecuniae, quantum supererogaveris, significa; curabo, ut nundinis Paschalibus tibi satisfiat per Saganenses.

Cum Ephemeridis 1630 semissis paucos ante dies ad me sit reversa, nondum tota potuit absolvi. Aegre adducor ut paginas excusas mittam, ne vel oblivione mea vel casu alio pereat unum exemplar. Pulchrius exisset vesti-

---

1) Die [ ] bezeichneten Stellen sind im Original herausgeschnitten.

bulum, si potuissemus expectare typos Lipsenses. Nam cursorii mei, quibus sum usus, manci sunt, ut facile apparet.

Puto me priori fasciculo inclusisse Epistolam Sinensem. Dedi tamen D. Voigtio in mandatis, ut, reserato fasciculo 500 Exemplarium, tibi et Aviano det singula exemplaria. Nunc etiam unum mitto, certitudinis causa. De singulis expecto responsa, et tuum judicium liberum, non astronomicum tantum, id scio, facies ultro; sed ethicum etiam, uti puto te, nisi urgearis, tergiversaturum. Eo qua licet; foelicior. non sanctior, qui qua libet. Gratulor dolens de dolentibus, Germanus de alto Regum, nunc quidem etiam Germano, sanguine. Sic fertur ille ipse meus, gratulatus esse Henrico Friderico de victoria de Dumeto. Ac cum τέρατα mera nobis per hoc decennium tulerit fatum Germaniae, mirum ne si et in oratione mea insint τέρατα? Si non fortiora mea verba, quam patria facta?

Expecto magna generositatis exempla ex vestra Misnia, quae ego tum demum etiam stilo imiter. Vale. Sagani 27. Feb. anno 1630.

Ex. D. T.

officiosissimus

Clarissimo Exellentissimoque Viro D. Philippo Millero, Medicinae Licentiato, Mathematicarum artium Professori in Academia Lipsensi D. amico meo veteri fide.

Jo. Keplerus.

Leipzig.

X. J. Kepler an Ph. Müller. Sagan, 22. April 1630.

Paris, Bibl. Nat. Nouv. acq. lat. Cod. 1635. Original fehlt.

Abschrift, signiert 89, 6; P. Fol. 99a, b.

S. P. D.

Cl. Vir.

Nuper Gitschino reversus, ubi me Patronus per 3 septimanas, magno suo, magno et meo temporis cum damno detinuit, jam in puerperio uxoris, et baptismo filiolae procurando sum occupatissimus. Ergo brevissimis. Mitto in dolio 600 Exemplaria Ephemeridum in 1630. 31. 32. 33 Voigtio in custodiam danda, donec vel Tampachius Francofurto, quid fieri velit iis, rescripserit: vel ego annos exactos a 1621, vel Bartschius annos 34, 35, 36 summittat, ut ita opus 20 annorum fiat integrum. Mitto secundo exemplar unum 4 annorum demptis 2 primis paginis, quas antea misi; mitto tertio 13 imperiales cum dodrante, residui debiti; sed mitto simul et quarto, complementa facienda typorum nuper fusorum; ut non ante fusori satisfiat in plenum, quam et illa praestiterit perfecta; tunc quidem ipsi etiam secundum pondus satisfiet fundendorum. Matrices quas habet, sic mediocres sunt, nec omnes suis rhabdis commode aptatae, quas non [¹)] sed demum exsculpsit primum ex chalybe, eae sunt valde rusticanae, uti sunt cyphrae duplices, crassissimis ductibus, velimque subtiliores ad complementa fundenda, si quibus de novo cudendis opus habet.

Signum [¹)] sic satis commodum (pro eo in 4. An. Ephem. usurpavi [¹)]) at alterum [¹)] nescio an usurpam; videor enim confusurus lectorem ambiguitate inter hoc et [²)] incompletum: debebat esse [¹)], productis li[²)]lorum. Expecto tuum judicium. Aspectus quidem ne-[gligen]dus est minime. Impediti fuerunt mei operarii per meam absentiam. Ergo loco Ephemeridum impresserunt Astronomiam lunarem cum notis, paginae jam 6 sunt. Accedet [libelli] Plutarchi de facie Lunae nova versio, sed differtur opusculum in alias remoras operis Ephemeridum.

Bartschius confectis nuptiis cum uxore filia mea Francofurtum pervenit inde scripsit ad suos Laubam. Eum puto ad vestras nundinas venturum. Ergo cogito Te interprete uti ad exorandum illum, ut cum uxore Saganum properet, ad Baptismum filiolae meae; et ut porro ipse apud uxorem intercedat pro baptismali linteo, quod ipsa Ulmae uxori meae suis nevit manibus. Sed properato opus, ad $\frac{14}{24}$: Aprilis, si Deo visum, peragentur haec sacra; id est, post tres dies: cum nesciam, an cras haec discessurae sint literae. Vides quantum intercessionis tuae, si non sit irrita, futurum sit operae pretium. Et ita est, dum moliuntur, dum [¹)] annus est, omnino exorandae sunt, ut properent.

Ad cumulum priorum officiorum rogo etiam atque etiam hoc adjiciat Ex. T. perconteturque a Voigtio per idoneum, num et qua promptitudine, quo vultu, dolium hoc meum in custodiam suscipiat, praesertim si Tampachius nihil scripserit, ut est morosus. Ego paratum me scripsi ad satisfaciendum pro custodia, quod erit aequum.

Perquam moleste fero Norimbergensis moras jam biennales in sculpenda mappa, in qua, si verum dico, soli meridiani erunt utiles operi Tabularum; Littora continentium, Meridianis applicata, in quibus sculptor, nescio qua

---

¹) Lücke im Text. Im (fehlenden) Original stand hier ein astronomisches Zeichen, das der Abschreiber weggelassen hat. Auch in dem oben S. 30, 31 wiedergebenem Brief Keplers sind in der Abschrift alle astronomischen Zeichen weggelassen, waren aber dort aus dem vorhandenen Original zu ergänzen.

²) Aus dem Manuskript herausgeschnitten.

reconditae artis opinione, tam diu immoratur; ea sunt incerta et corrigenda demum, crebritate observationum. De pecunia mea 120 fl., quod ibi per hoc biennium detinetur, et forte jam est consumpta, non laborarem tantopere, modo ut tandem opus prodiret.

Vale Excellentississime Vir, et studia nostra promovere perge, meque ama· Sagani, 22. Apr. 1630.

Cl. Ex. T.

officiosissimus

J. Keplerus.

Clarissimo, Excellentissimoque Viro D. Philippo
Millero, Medicinae Licenciato, Matheseos [et]
Philosophiae professori in Academia [Lips]ensi,
Domino et amico meo benevo[lent]issimo

Leipzig.

XI. J. Kepler an Ph. Müller. Sagan, 26. August 1630.

Paris, Bibl. Nat. Nouv. acq. lat. Cod. 1635.

Original, signiert 89, 8; H. 21. Fol. 100, 101ᵃˑᵇ.

Paris, Bibliothèque de l'Observatoire. Manuscr. B, 1; 9 (89).

Abschrift eingetragen unter 89, 8; L.

S. P. D.

Clarissime excellentissimeque Vir, D. amice honorande.

En tandem et annos 29, 34, 35, 36, qui finis est tomi mei Ephemeridum. Exemplaria sunt 600, quot et prius dolium complectebatur annorum 30, 31, 32, 33. Sed ne vacaret locus, addita sunt 350 de anno 1628. Praeterea accipies parvum dolium, in quo sunt exemplaria 70 ab anno 1629 in 36 integra. Nihil enim deest nisi dedicatio in hos annos, qui sunt ex Bartschiano calculo; destinatur autem Patrono meo.

De his sic velim fieri. Si adhuc certi aurigae sunt in promptu, qui Francofurtum eant, illis commendetur pro pretio stato et ab aliis penso dolium utrumque majus et quod Paschate misi et quod jam mitto. Voigtiani exsolvant pro vectura, interimque Francofurti dolia conclusa asservent; donec a me venerit, qui restituta illis vectura mercede dolia repetat.

Et tunc parvum dolium maneat Lipsiae, transportandum Noribergam, ubi iterum scripsero.

Sin autem aurigae abiere, summis precibus rogo, ut parvum dolium cum 70 exempl. commendetur cisiariorum aut mercatorum uni, ut id in nundinis Francofurti sit. D. Bartl. Voigtus, aut suorum hominum aliquis curabit inseri catalogo titulo: Jo. Kepleri [gestrichen:] (Mathematici Caes.) Ephemeridum in annos XX tomus unus, ab anno 1617 in 1636. Absolutus Sagani in Silesia, anno 1630. Quia nihil Tampachius respondit, dubius sum, utrum profitear in titulo, reperiri apud Tampachium. Nec sane illi permitto, nisi solverit omnes sumptus. Puto autem, non esse necesse, ut inseratur catalogo, ubi reperiatur. Hoc te scire necesse est, si putas te consilium meum emendare posse, quod anni 1617, 18, 19, 20 jam sint Francofurti cum Prolegomenis apud Tampachium, qui dudum mihi renunciavit meos libros, nec hactenus quicquam diversum, ad seria mea postulata, rescripsit. Anni 21, 22, 23, 24, 25 jam sunt impressi, non minus quam a 28 in 36. In anno 1627 jam inceperunt. Supersunt residua de 1627 et totus 1626, qui absolventur intra 3 septimanas. Nihil enim in calculo deest amplius. Tres addo titulos seu praefationes, unum ad 1629 super 8 sequentes, alterum ad 1621 super 8 ab eo jam exactos, et generalem totius tomi, in quo index contentorum.

Si abest Voigtus, aut, si consultius etiam putas, te custodem, et si non, nimium peto, procuratorem doliorum precibus constituo obnixis.

Summa in festinatione perscripsi, domo absens, Sagani, 26. Augusti, anno 1630.

Cl. Ex. T.

Rogo cum Voigtianis communices consilia et contenta.

officiosissimus

J. Kepler

Mathematicus.

Clarissimo Excellentissimoque Viro D. Philippo Miller, Medicinae Licentiato, Academiae Lipsiensis Professori Philosophico, D. Amico meo pretioso.

Leipzig.

[Von anderer Hand:]
Sampt 2 Fäßlein. 4 1/8 Centner.

In abwesen von seinen Hausgenoßen zu erbrechen, und den Inhalt denen Voigtischen zu eröfnen.

XII. J. Kepler an Ph. Müller. Lauban, 2. September 1630.

Paris, Bibliothèque de l'Observatoire. Manuscr. B, 1, 9; (89). Original fehlt.

Abschrift eingetragen unter 89, 8; L.

S. P. D.

Clarissime excellentissimeque vir, D. amice benevolentissime.

Spero literas ante dies 6 Torgam missas cum exemplarium Ephemeridum sarcinis Lipsiam perlatas, tibique redditas. Iis curandis Francofurti (sive Lipsiae restiterint, sive jam praemissa Francofurtum sint) submitto hunc generi mei fratrem Friedericum Bartschium. Ei rogo etiam atque etiam consilia tua et super insertione in catalogum et super distractione suppedites. Quae etsi ipsum non obligabunt, ut mandatis meis, quae oretenus accepit, deroget; non poterunt tamen non admonere ipsum de multis, quae forsan ex se ipso non deprompsisset. Praeterea instruxi ipsum viatico tenuissimo, praecipue ob pericula itinerum praesentia. Pauca adjeci, quae a cive vestro Sebast. Mejero, jubente per schedam cambiariam cive nostro Paulo Werner peteret. Et si metus plane nullus est, ne scheda haec ipsum frustretur; si tamen inopinati quid incideret, ut est praesens rerum status: rogo Cl. Ex. Tua ipsi petenti, quae necessitas itineris postulaverit, qua Lipsiae, pecunia praesenti, qua Francofurti, per cambium, cum hominum illic usum nullum habeat adhuc dum, suppeditet, ejusque quod dederit refusionem a me sine mora expectet. Dedi ei reliquos 4 annos partis tertiae Ephemeridum cum titulo, ut habeas eam integram. Titulum patroni mei excusabis veris causis: quae Caesar Electoribus et Cancellariae imperii dictat, quae Patronus meus et literis et mandatis et numismatibus de se profitetur, quae subditi Principum Mechelb. acceptarunt, ea mihi nefas fuit infringere. Nec conductus sum propalator tituli, sed cum necessario esset scribenda Principi dedicatio, non potuit ea scribere nisi solenni titulo. Nec hic a me usurpatus titulus ejecit priores principes suis sedibus, nec cujusque impediet fortunam; potestque concedi surrogationis seu substitutionis beneficio sine etiam injuria eorum, qui priora habent jura; et nisi saeviunt atrocius irritata fata, potest pax coalescere, manente nobis titulo, restituta suis dominis provincia. Ego dudum Saxonis filium, nunc Caesaris filium salutassem Episcopos Magdeburgenses et Halberstatenses, si quid habuissem scribendum ad ipsos. Vale, nunciosque rerum laetarum, si Lipsiae vili pretio prostant, mihi quoque transmitte.

Laubani, 2. Sept. anno 1630.

Caetera ex latore.   Cl. Ex. T.

officiose colens

Clarissimo excellentissimoque Viro D. Philippo Millero, Medicinae Licentiato, inclytae Academiae Lipsiensis Professori Philosophico D. amico meo colendo

J. Kepler
Mathematicus.

Leipzig.

---

4. Anmerkungen und literarische Notizen.

V. Brief vom 17./28. Oktober 1629.

I. Zu Seite 56 und 65: Vorbereitungen zur Herausgabe der Observationes Tychonis.

Nach dem Tode Tycho Brahes (1601) hatte Kepler von Kaiser Rudoph II. den Auftrag erhalten, aus den hinterlassenen Papieren das, was er für gut finde, zu veröffentlichen. In diesem Nachlaß bildeten die durch nahezu 40 Jahre durchgeführten Beobachtungen den kostbarsten Schatz. Das Drängen der Erben Tycho Brahes auf die Veröffentlichung derselben und das eigene Pflichtgefühl, das ihn dazu mahnte, hat Kepler, der ganz in seinen eigenen Arbeiten aufging, Zeit seines Lebens bedrückt. Bei Gelegenheit der Aufzeichnung der nachgelassenen Manuskripte Brahes schreibt er von den Beobachtungen:

„Volumen ingens Observationum ad annos fere 40 conscriptas[1]). Id loco tot anteactorum annorum ephemeridum esse possit. Posset vel jam statim edi. Interim custodiendae merito sunt hae observationes loco regii thesauri et a magnatibus magni faciendae, quia sunt fundamenta, sine quibus nequit astronomia instaurari. Nec spes est, quemquam fore, qui certiores unquam observationes conscribat. Est nae res taediosissima et plurimi temporis."

Über die Streitigkeiten, in die Kepler wegen des Nachlasses mit den Erben Tycho Brahes, insbesondere mit dessen Schwiegersohn Franz Gansneb Tengnagel und mit Tycho Brahes ehemaligem Gehilfen Longomontanus geriet, sehe man die Nachweise in

[1]) In der Einleitung zu den „Ad Vitellionem Paralipomena (Astronomiae pars optica)" (1604) spricht Kepler von 24 von Tycho Brahe hinterlassenen Bänden „exquisitissimarum observationum, quos opportuno tempore in lucem prodituros spero".

der Gesamtausgabe, zumal in der Einleitung zum Marswerk[1]). Es sei hier nur an einen Brief (v. J. 1602) des bayerischen Kanzlers Herwart, Keplers Gönner, erinnert, der auf dessen Klagen antwortet[2]):

„Ich trag Sorg, es werde nach lang über langem Verzug alles mit einander liegen bleiben, und der Herr, quod doleo, darüber auch mit leiden und um so viel weniger fruchtbarliche expedition erlangen. Ich finde, daß es zwischen den Erben und dem Herrn allein um Mißtrauen und aemulationem zu thun, was der Hauptsache (editioni Observationum Tychonicarum) und beiden zum Nachtheil gereicht".

Kepler hat jedenfalls, trotz des Einspruchs der Erben, schon bald nach Tycho Brahes Tod einen großen Teil der Observationes, zum Teil wohl nur in Abschriften, erhalten. In einem Brief an Christoph Hegulontius vom Jahre 1605[3]) spricht sich Kepler darüber folgendermaßen aus:

„Non diffiteor, me, Tychone mortuo, haeredibus vel absentibus, vel parum peritis, observationum relictarum tutelam mihi confidenter et forsan arroganter usurpasse, adversis haeredum voluntatibus, non obscura tamen jussione Imperatoris; qui cum curam instrumentorum mihi demandasset, ego, late accepto mandato, observationes potissimum recepi curandas".

„Multa ex eo controversia me inter et haeredes, dum ego publicum commodum respicio, ipsis de privato suo a Caesare, praeter votum, lente satisfieret. Tandem puduit belli, cui adhaerebat calumnia spoliationis; itaque, iniqua pactione, ne quid meo labore inde concinnatum citra consensum haeredum, ederem, tandem rem eo adduxi, ut observationum mihi copia secundis ipsorum voluntatibus relinqueretur".

In dem von ihm 1625 herausgegebenen „Hyperaspistes Tychonis Brahei" schreibt Kepler über diese Manuskripte[4]);

„Libri ipsi observationum plerique in salvo inque mea custodia sunt ... Atque ego, qui hactenus inde ab excessu Tychonis per annos 23 earum testis et custos fui pene unicus, jam dudum in id enitor, ut Caesare sumtus faciente libri observationum, thesaurus nimirum antiquitatis in arte nostra pretiosissimus, sub mea aliorumque fide dignorum inspectione et correctione multiplici bono aliquo numero exemplarium excudantur eaque ratione tutius et minori interitus periculo, nec minori fide quam sunt autographa ipsa, ad posteritatem transmittantur".

Weiter schreibt er in einem Brief an P. Crüger vom 1. Mai 1626[5]):

„De observationibus quidem Tychonis edendis hoc tempore desperavi, quia bessem assignatorum sumtuum non recipio. Si tamen spes edendi in procinctu esset, posset tuus iste vetustarum observationum calculus adjungi. Si commodo tuo fieri potest, ede folio mediocri, sic ut ad Mechanicam Tychonis quadret; cogito enim eadem forma observationes edere, si quando suam Uraniam respiciat Jupiter."

---

[1]) Opera, Bd. III, 11 u. ff., Briefwechsel mit Longomontanus: Epistolae, S. 16 u. ff. — Die Handschriftensammlung der Wiener Hofbibliothek enthält dazu weiteres, sehr beachtenswertes Material, auf welches in Fortsetzung dieser Kepleriana einzugehen ist.

[2]) Vergl. auch den weiteren Briefwechsel mit Herwart in Bd. II, S. 81 u. ff. — Die Originale des Briefwechsels besitzt die Handschriftensammlung der Münchner Staatsbibliothek.

[3]) Epistolae S. 285; Opera, Bd. I, S. 369.

[4]) Opera, Bd. VII, S. 215.

[5]) Epistolae, S. 479. Opera, Bd. VI, S. 50.

Nach Vollendung der Rudolphinischen Tafeln rückt sein Vorhaben der Ausführung näher. „Observationum Tychonis excudendarum causa circumspicio occasiones manendi in Germania superiori", schreibt er am 2. Oktober 1627 von Frankfurt aus an Bernegger[1]); ebenso verständigt er am 17. August 1628 Tycho Brahes jüngsten Sohn dahin, daß er nun demnächst an die Herausgabe der Observationes gehen zu können hoffe. Mit dieser Mitteilung in unmittelbarem Zusammenhang steht die Aushändigung weiterer Bände der Observationes von Seiten der Erben an Kepler, über welche uns eine am 20. Juli 1628 ausgefertigte Urkunde Aufschluß gibt. Diese Urkunde, enthalten im Codex Palatinus Vindobonensis (Philos. 71), 10689[10] lautet[2]):

„Ich, Johan Keppler, der Röm. Kay. Mt. Mathematicus beken, das der Edl und Gestreng Herr Georg Brahe, zu bevorstehender Editione Observationum seines hochgeehrten Herrn Vatters H. Tychonis Brahe, mir an heütt dato zugestelt hatt die Complementa benentlichen I. ein Convolut von Observationibus ab anno 1564 biß anno 1574. II. ein Tomum in quarto, Observationes cometarum septem. III. ein Tomum in quarto Observationes annorum 1577, 1578, 1579, 1580, 1581."

„Ferners und anlangend die vorstehende Editionem, werden die gesampte Brahische Erben hiermit versichert, das diese und die volgende beyhanden habende Observationes bieß anno 1601, kheineswegs anderer gestalt, den wie sie in protocollis et descriptis (welche die Brahische nach und nach herzu legen, und gegen die Protocolla halten lassen werden) verfasset, auch vnder Niemandes als vnder Herrn Tychonis Brahe Namen außgefertigt, entlichen von Mir niemandem dedicirt werden, sondern die dedication den Brahischen Erben simpliciter heimgestelt sein solle. Da auch Ich meiner auff die Edition gewenter Unkosten halben von den Brahischen befriediget sein werde: sollen alsdan die Brahische aller Exemplarien (ausser etwa Zehen, so mir als einem Astronomo, Editori, vnd correctori nach gewonheit gepüren) einige volmächtige Herrn und possessores sein, vnd mit denselben Jres gefallens handlen. Diß zu waren Urkund auch steth vnd festhaltung, hab Ich gegenwärtige Bekentnus mit eigner Hand verfertiget, vnd mein Petschafft beygedruckht. Actum Praag den zwainzigisten Tag Monats Julij im sechzehenhundert acht vnd zwainzigsten Jahr."   Johan Keppler
                     Mathematicus. M. propria.

Die Vereinbarung wurde kurz vor der Übersiedlung Keplers nach Sagan (7. August 1628) geschlossen; doch kam es nicht mehr zur Drucklegung. „Cogor editionem Observationum Braheanorum vel simulare, vel inchoare etiam" schreibt er jetzt (am 17./27. Oktober 1629) an Ph. Müller und darin drückt sich die gleiche Scheu vor der Inangriffnahme jener ungeheueren Aufgabe aus, die schon aus den oben erwähnten Zeilen spricht, die er beim ersten Einblick in die Beobachtungsreihen niederschrieb.

Eine Ausgabe der Beobachtungen kam erst viel später zustande durch Albert Curtius, damals Rektor des Jesuitenkollegiums in Neuburg a. D., der einen Teil der Beobachtungen im Jahre 1656, einen zweiten im Jahre 1666 herausgegeben und mit

---

[1]) Opera. Bd. VI, S. 621. Man vergl. auch die Anmerkung [3]) auf Seite 50 des Gegenwärtigen.

[2]) Der Text ist inzwischen von Otto J. Bryk in seinem populären Buch „Johann Kepler: Die Zusammenklänge der Welten", Jena 1918, im Faksimiledruck veröffentlicht worden. Die daneben gesetzte Wiedergabe in gewöhnlichem Typendruck enthält, wie das ganze Buch, erstaunlich viele Mißverständnisse.

weiteren alten und neueren Beobachtungen in einem Band vereinigt hat unter dem Titel „Historia Coelestis, jussu S. C. M. Ferdinandi III. edita, complectens Observationes Astronomicas varias ad Historiam Coelestem spectantes .. Tychonis Brahe .. Augustae Vindelicorum 1666[1]). Die wenig sorgfältige Ausgabe, unter dem Namen von Lucius Barrettus (Anagramm für Albertus Curtius) erschienen, enthält die Beobachtungen erst von 1582 ab und führt sie mit großen Lücken bis 1599 auf. Sie geht nicht auf die Originalmanuskripte zurück, sondern auf Abschriften.

Die in Keplers Händen befindlichen Originale wurden nach dessen Tod von seinem Schwiegersohn J. Bartsch, der sich der Witwe sorglich annahm, als Pfand für ihre Forderungen zurückbehalten. Die Erben Tycho Brahes wünschten die Veröffentlichung durch Bartsch, der auch dazu bereit war[2]). Als er dann 1633 plötzlich von der Pest dahingerafft worden, gingen die Manuskripte an Keplers Sohn Ludwig über, der von Reisen wieder nach Deutschland zurückgekehrt war, sich zunächst in Frankfurt aufgehalten und dann um 1635 als Arzt in Königsberg niedergelassen hatte. Von ihm erwarb um 1655 König Friedrich III. von Dänemark die Manuskripte und überwies sie der von ihm gegründeten Bibliothek.

Schon damals bestand die Absicht, sie herauszugeben, doch zog sich die Ausführung infolge des Krieges mit Schweden (beendet 1660 durch den Frieden von Oliva) in die Länge. Erst i. J. 1664 erhielt Erasmus Bartholinus (der Entdecker der Doppelbrechung der isländischen Kristalle) den Auftrag, die Manuskripte für den Druck vorzubereiten. Von ihm stammt ein genaues Verzeichnis derselben, das später von E. C. Werlauff veröffentlicht worden ist[3]).

Die weiteren Irrfahrten der Manuskripte und die mannigfachen Ansätze zu ihrer Herausgabe können hier übergangen werden. Erst als die dänische Akademie der Wissenschaften sich zur Herausgabe der Gesamten Werke Tycho Brahes entschloß, kam die endliche Veröffentlichung zustande, die unter der Leitung von J. L. E. Dreyer in 13 Bänden

---

[1]) Es scheint nicht unwahrscheinlich, daß A. Curtius den Gedanken, die Observationes herauszugeben, gefaßt hat, als er im Jahre 1627 mit Kepler — damals in Ulm mit der Herausgabe der Tabulae Rudolphinae beschäftigt — mehrfache Briefe wechselte und auch im November mit ihm in Dillingen (seinem damaligen Aufenthalt) zusammentraf. In der Vorrede zur Historia coelestis schreibt er unter Bezugnahme auf jene Zeit (Liber προλεγόμενος pag. CXXIII):

Poterant certe haec „commentaria" jam ante annos 60 in publicum efferri, sed Principum et librorum fortuna saepe cum publicis remoris permixta est, et repertus erat eo tempore pulcherrimus color, prodendas ante omnia Rudolphi Tabulas, quae ex his observatis exasciatae fuissent; id cum anno demum 1627 factum esset et Lucius Barrettus, quem Keplerus Ulma reversus familiariter convenerat, amice cum hospite altercaretur, publicatis jam Tabulis causae nihil esse, cur ii commentarii observationum viris doctis adversus ea, quae Braheus ipse promiserat, diutius negarentur. Post varias ambages audire demum debuit, eos libros Keplerum pignoris loco retinere, quoad destinata ab Imp. stipendia integre repraesententur.

Sed Keplerum biennio post mors abstulit, neque diu post subita ex aquilone procella Germaniae toti incubuit, ut de sideribus nemini cogitare liberet. Vigilavit tamen etiam tum inter ista Ferdinandi III. providentia, qui cum intellexisset, quo loco hi commentarii expectari possent, quos Rudolphus Imp. tantis impensis a Tychone redemerat, non omisit, etiam inter bella, eam curam demandare Ill. et Excell. Com. Georgio Martinizio, regni Bohemiae supremo cancellario, cujus vigilantia singularique industria effectum, ut hi libri ex latebris eruerentur".

[2]) Vergleiche hiezu die nachfolgend unter C abgedruckten Briefe von J. Bartsch an Ph. Müller.

[3]) E. C. Werlauff, Historiske Efterretninger om det store Kongelige Bibliothek i. Kiøbenhavn (1844), S. 53, 54.

in den Jahren 1913—1926 in mustergültiger Weise durchgeführt worden ist. Die Bände
X—XII enthalten den Thesaurus Observationum. In der Einleitung dort (S. V—XXVII)
ist die Schicksalsgeschichte der Observationes dargelegt und sind ferner die Codices der
Kopenhagener und der Wiener Bibliothek verzeichnet, welche die Original-Beobachtungen
und die Abschriften derselben enthalten. Die oben (Seite 81) wiedergegebene Urkunde vom
20. Juli 1628, welche die damals von Tycho Brahes Erben an Kepler übergebenen Manuskripte aufzählt, war Dreyer nicht bekannt. Aus dem Vergleich derselben mit dem Verzeichnis von Bartholinus und der Beschreibung Dreyers läßt sich nunmehr schließen:

Das unter I der Keplerschen Urkunde aufgeführte „Convolut von Observationibus ab anno
1564 biß anno 1574" ist identisch mit dem von Bartholinus unter „Observ. Astron. An. 1563 Lipsiae etc. ad A. 1574 bezeichneten Oktavband. Er enthält die Beobachtungen aus Tycho Brahes
Jugendzeit und ist später, wie Werlauff und Dreyer ausführen, zu Verlust gegangen.

Der unter II aufgeführte Quartband, Observationes cometarum septem ist vermutlich
Codex P = Ant. Coll. Reg. 1827 mit den Abschriften der Beobachtungen der 7 Kometen der Jahre 1577, 1580, 1582, 1585, 1590, 1593, 1596, deren Originale in den
zwei Codices N und O (in 4° und in 2°) ebenfalls die Kopenhagener Bibliothek besitzt.

Der unter III aufgeführte Band in quarto, Observationes annorum 1577—1581 ist
der bei Dreyer als Codex B = Ant. Coll. Reg. 1825 aufgeführte Band mit den Originalen der Beobachtungen jener Jahre.

Die übrigen in Kopenhagen aufbewahrten Manuskripte waren entweder schon früher
in Keplers Händen oder sind (was aber nicht wahrscheinlich ist) später von den Erben
noch „herzugelegt" worden.

Darüber, wie ein Teil der Abschriften der Observationes nach Wien gekommen ist
und weiterhin an Albertus Curtius, geben die auf Tycho Brahe bezüglichen Handschriften-
bände der Wiener Staatsbibliothek noch mannigfache Aufschlüsse, über die späterhin berichtet werden soll.

2. Die Veröffentlichungen Keplers während seines Aufenthaltes in Sagan.

Hatte Kepler, ehe er in Sagan eine ruhige Zuflucht für seine Arbeiten gefunden, daran
gedacht, nach Abschluß der Rudolphinischen Tafeln Vorlesungen über ihren Gebrauch zu
halten — vergl. den Seite 50 erwähnten Brief an Bernegger — so liegt ihm jetzt, wie er in
jener „Responsio" an Bartsch ausführt, die Herausgabe der Ephemeriden als einer prak-
tischen Anwendung der Tafeln besonders am Herzen.

Die Ephemeriden der Jahre 1617—1620 hatte Kepler schon in Linz herausgegeben.
Die für 1617 hat er Kaiser Matthias gewidmet, die für 1620 „illustri et generoso D. D.
Joanni Nepero, Baroni Merchistonii, Scoto" als Ausdruck seiner Verehrung und seines
Dankes für den Verfasser des „Mirificus Logarithmorum Canon".

Im Jahre 1629 hatte dann, wie schon erwähnt, Bartsch Ephemeriden für 1629 und
für 1630 in Leipzig und Straßburg veröffentlicht, denen Kepler zunächst einen Neudruck
der Ephemeriden für 1629 in Sagan folgen ließ, welchem jene „Responsio" an Bartsch
vorangestellt ist. Dort entwickelt Kepler den Plan der Gesamtausgabe der Ephemeriden
und fordert im besondern Bartsch zu weiterer Mitarbeit auf. Die Ephemeriden von
1617—1620 sollten dabei den ersten Teil der Gesamtausgabe bilden, die von 1621—1625
einen zweiten, endlich die von 1629—1636 den dritten Teil. Ueber den Druck der beiden

letzten Teile der Ephemeriden geben die vorstehenden Briefe genaueren Aufschluß. Der Druck begann, nachdem die nötigsten Einrichtungen in Sagan getroffen waren — über deren Verzögerung Kepler immer wieder Klage führt — im Januar 1630 und war im September beendet. Den Verlag sollte Tampach in Frankfurt übernehmen [1]).

Die Ephemeriden der Jahre 1629—1636 sind Wallenstein gewidmet als Keplers neuem Herren. Die etwas später abgeschlossenen Ephemeriden für die Jahre 1621—1628 sind den Ständen von Oesterreich ob der Enns gewidmet, die ihm im Juli 1628 die erbetene Entlassung aus ihren Diensten gewährt und einen „abschlag zu seiner raißnottdurft von 200 Gulden" bewilligt hatten (von denen er aber nur 61 Gulden erhielt.)

Ueber die vorangehende Herausgabe der Ephemeriden von 1629 und 1630 durch Bartsch in Leipzig und Straßburg und den von Kepler noch im Jahre 1629 in Sagan ausgegebenen Sonderdruck der Ephemeriden von 1629 mit der „Responsio" von Bartsch, sowie über des letzteren Mitarbeit an den Ephemeriden der Jahre 1629—1636 ist schon oben (Seite 41) berichtet.

Im weiteren hat Kepler in seiner von ihm eingerichteten „fürstlichen Druckerei zu Sagan" noch die folgenden Schriften herausgegeben:

Zunächst noch im Jahre 1629, als Anfang zu den Tabulae Rudolphinae die im Brief vom 16./26. Januar (oben S. 72) erwähnte „Sportula genethliacis missa de tabularum Rudolphi usu in computationibus Astrologicis, cum modo dirigendi novo et naturali" [2]). Sie ergänzt, auf fünf ganz klein gedruckten Folioseiten, die Rechenvorschriften der Rudolphinischen Tafeln nach der Seite der astrologischen Berechnungen, mit denen sich Kepler gerade zu Anfang seines Aufenthalts wohl auf Wunsch Wallensteins wieder beschäftigt hatte. Es sind im ganzen 12 praecepta, in der Gesamtheit der Rechenvorschriften der tabulae die Nummern 198—209. Absicht und Begrenzung dieser Regeln gehen aus den Eingangs- und Schlußworten der Sportula deutlich hervor und seien des Interesses wegen, das Keplers astrologische Anschauungen immer wieder darbieten, hier eingefügt. Die Einleitung lautet:

„Quia plerique opus hoc tabularum expetunt propter Astrologiam, quaeruntque, num etiam genethliaca themata integra per nostra praecepta possint erigi, directionesque expediri, visum est doctrinam hanc praeceptis tabularum appendicis loco summittere, ut in qua et praeceptorum nonnullorum usus ostenditur, et novis praeceptionibus plures tabularum quarundam utilitates explicantur" und zum Schluß:

„Haec hactenus, in gratiam gentis astrologicae; ne mater vetula (qua similitudine sum usus in praefatione ad lectorem) se destitutam et despectam a filia ingrata et superba queratur".

Längere Zeit schon hatte Kepler der Stich einer den Rudolphinischen Tafeln beizugebenden Landkarte beschäftigt. Diese „Nova orbis terrarum delineatio, singulari ratione accomodata meridiano tabularum Rudolphi astronomicarum" ist nach Keplers Berechnungen und Angaben und auf seine Kosten von Ph. Eckebrecht in Nürnberg gezeichnet, von J. P. Walch gestochen, im Jahre 1630 vollendet worden (vergl. die Bemerkung Keplers im Brief X vom 22. April 1630. Siehe oben S. 63 u. 75).

Noch vor den Ephemeriden veröffentlicht Kepler (vergl. den Brief vom 16./26. Januar 1630, S. 62 u. 72.) den sog. „Chinesischen Brief":

---

[1]) Vergl. hiezu die unter C zusammengestellten Auszüge der Briefe von J. Bartsch an Ph. Müller.

[2]) Abgedruckt Opera, Bd. VI, S. 717—721.

„R. P. Joannis Terrentii e Societati Jesu Epistolium de Regno Sinarum ad mathematicos europaeos missum. Cum commentatiuncula Joannis Keppleri mathematici. Ejusdem ex Ephemeride anni 1630 de insigni defectu solis apotelesmata calculi Rudolphi" (Vergl. Anmerkung **6** auf S. 86).

Endlich gibt der Brief vom 22. April 1630 (siehe S. 62 und 75; ferner Anmerkung **10** auf S. 88) darüber Aufschluß, daß Kepler in Sagan noch den Druck seiner „Astronomia lunaris" begonnen hatte und beabsichtigte, daran anschließend Plutarchs „Libellus de facie, quae in orbe Lunae apparet" in einer neuen Übersetzung folgen zu lassen.

3. Zu Seite 57 und 66: „Astronomia Danica".

Christen Sörensen Longberg, genannt Longomontanus (aus Longberg in Jütland), Schüler und Mitarbeiter Tycho Brahes, hatte im Februar 1622 auf Grund des Tychonischen Weltsystems ein Werk herausgegeben mit dem Titel „Astronomia Danica". Die Verbesserungen, die Kepler namentlich in seinem Marswerk in die Theorie der Planeten eingeführt hatte und die, auf das Tychonische System übertragen, den Planeten eine Bewegung auf Epizykeln von der im Text genannten Art zuschreiben, wurden von Longomontanus, der mit Kepler rivalisierte und sich ganz auf Tycho Brahe stützte, nicht alle angenommen. Die von Kepler angeführten Besonderheiten seiner Planetentheorie rühren vor allem daher, daß Kepler die Planetenbewegungen auf den wahren, nicht auf den (im Sinne der Alten) mittleren Sonnenort bezog, im Gegensatz zu Kopernikus und Tycho Brahe. Daher ergaben sich für Kepler und Longomontanus bei der Berechnung der Längen verschiedene Werte.

VI. Brief vom 13./23. November 1629.

4. Heiratsangelegenheit der Tochter Susanna.

Kepler wünschte seine Tochter Susanna aus erster Ehe, geb. 9. Juli 1602 mit Jacob Bartsch verheiratet zn sehen. Dieser, 1600 in Lauban in der Lausitz geboren, hatte 1621 bei Philipp Müller in Leipzig dem Studium der Astronomie obgelegen; war dann nach Straßburg gegangen, um sich der Mathematik und Medizin zu widmen und hatte dort den Magistergrad in der Philosophie erworben. Die Beziehung zu Kepler hat Bartsch im Jahre 1625 durch einen von Straßburg aus an ihn gerichteten Brief eingeleitet, in dem er um eine mündliche Besprechung bat, um ihm seine Studien über einen großen Himmelsglobus, den er mit seinem Bruder angefertigt, vorzulegen[1]). Wie aus dem im Abschnitt C des vorliegenden abgedruckten offenen Brief an Kepler hervorgeht, hat diese Unterredung damals stattgefunden[2]). Eben dieser offene Brief von 1629 hat dann die Beziehung aufs neue eingeleitet. Nachdem Bartsch die Herausgabe der Ephemeriden für 1629 in Leipzig mit Ph. Müller zusammen vorbereitet, begab er sich Ende 1628 zu Kepler nach Sagan[3]).

Inzwischen scheint vor dem in gegenwärtigem Schreiben vom 13./23. November 1629 erwähnten, vom Markgrafen von Baden unterstützten Heiratsplan noch ein anderer Antrag an Keplers Tochter gerichtet worden zu sein. Man lese darüber den Brief an

---

[1]) Opera, Bd. VII., S. 478.

[2]) Vergl. auch eine Notiz von Schickard an Kepler vom 7. September, Epistolae, pag. 687 und Opera, Bd. VIII, S. 896.

[3]) Vergl. auch die unter C mitgeteilten Briefe von Bartsch an Ph. Müller (Brief vom 30. April 1629).

Bernegger vom 10. April 1629, in welchem Kepler diesem die Obhut seiner Tochter empfiehlt „Sis filiae maritandae pater" und dann auf Bartsch als den von ihm in Aussicht genommenen Bewerber zu sprechen kommt[1]). Der besorgte Vater erkundigt sich nach den Aussichten, die Bartsch an der Universität Straßburg haben könnte, falls die politischen Verhältnisse für ihn als Protestanten den Aufenthalt in der Lausitz gefährlich werden ließen. Eines beklagt er an Bartsch, „quod anchoram studiorum in Astrologia figit, medicinam insuper habet", aber als „hominem industrium et laboriosum" hat er ihn schon kennen und in gemeinsamer Arbeit schätzen gelernt. Vergleiche hiezu noch weiter die launigen Auslassungen in dem Brief vom 12./22. Juli[2]).

Wie schon erwähnt fand die Hochzeit am 2. März 1630 in Straßburg statt, bei der Bernegger die Stelle des Vaters vertrat. Der weitere Briefwechsel zwischen Kepler und Bernegger gibt darüber Aufschluß. Die im vorliegenden Brief geschilderte Episode deutet dieser in einem Brief vom 12./22. März 1630[3]), in welchem er die Hochzeitsfeierlichkeiten schildert, mit den Worten an: ... post aegre submotum rivalem, virum quidem illum optimum et optabilem omnino filiae, nisi optabilior alius supervenisset vel potius antevenisset ...".

In dem nachfolgend unter C, II mitgeteilten Brief von Bartsch an Ph. Müller vom 8./19. Januar 1630 aus Straßburg erwähnt Bartsch kurz jene Verhältnisse und spricht in bestimmter Weise von der ihm gegebenen Zusage seiner späteren Aufnahme an der Universität als Professor der Mathematik.

VII. Brief vom 4. Januar 1630.

5. Zu Seite 61 und 71: Schluß des Briefes.

Wenn Kepler hier von der Möglichkeit spricht, Sagan verlassen zu müssen, so bezieht sich dies wohl kaum auf die einige Monate vorher an ihn ergangene Berufung an die Universität Rostock; über die Bedenken, welche einer Annahme entgegen gestanden — das zu erwartende Vorgehen der Schweden, und wie man damals fürchtete auch der Dänen und der holländischen Flotte gegen die Küste — hatte er sich schon in einem Brief vom 14./22. Juli 1629 an Bernegger ausgesprochen. Kepler denkt vielmehr an die Möglichkeit, daß der Krieg sich über die Lausitz erstrecken und einen ruhigen Aufenthalt in Sagan unmöglich machen könnte. All diese Sorgen kommen im folgenden Brief vom 5./15. Februar und in den gleichzeitigen an Bernegger erneut zum Ausdruck.

VIII. Brief vom 16./26. Januar 1630.

6. Zu Seite 61 und 72: Epistola Chinensis.

Der Jesuitenpater Johannes Terrentius hatte sich im Jahre 1613 nach China begeben, wo er sich bald durch seine Gelehrsamkeit ein solches Ansehen verschaffte, daß er vom Kaiser von China in die Kommission berufen wurde, die dort den chinesischen Kalender verbessern sollte. Überzeugt von den Fortschritten, welche während seiner Abwesenheit von

---

[1]) Opera, Bd. VIII, S. 913 u. ff.   [2]) Ebenda, S. 914.   [3]) Ebenda, S. 918.

Europa die Astronomie durch die Arbeiten Keplers und Galileis gemacht hatte, wandte er sich in einem Brief um Beratung an die Mathematiker des Jesuitenkollegiums in Ingolstadt. Sein Ordensbruder Albertus Curtius schickte dieses Schreiben im Jahre 1627 von Dillingen aus an Kepler, der es mit seiner ausführlichen Antwort auf die in ihm enthaltenen Anfragen im Jahre 1630 in Sagan veröffentlichte[1]).

Die Schrift ist Wallenstein gewidmet. Die Widmung weist in scherzhaften Wendungen darauf hin, wie durch die lange Verzögerung in der Einrichtung der eigenen Druckerei nun Kepler statt der Ephemeriden des Jahres eine andere Schrift seinem Herrn als Neujahrsgruß darbringen müsse, eine Schrift aber, durch deren Herausgabe die Beziehungen zwischen den Gebieten der Wallensteinschen Herrschaft und China angeknüpft seien, „viam ad Oceanum per Tuae praefecturae territorium aperuisti, et a litoribus Germaniae ad litus eoum Indiae planum est iter, conflua maria". Der leise spottende Ton dieser Vorrede wurde wohl verstanden. Bernegger schreibt darüber am 12./22. März an Kepler[2]): „Omnia mirifice placuerunt, praefatio vero supra modum, adeo circumspecte sapienterque perscripta, ut cum verum alioqui mordax nequaquam dissimules, neminem tamen in hisce diversarum partium studiis offendas".

IX. Brief vom 27. Februar 1630.

7. Zu Seite 62 und 74: Schluß des Briefes.

Der „Senarius" „Eo qua licet; foelicior non sanctior, qui qua libet" findet sich mit einem nahezu gleichlautenden Folgesatz auch in einem Brief Keplers an Bernegger vom 5./15. Februar. Dort heißt es: „Eo qua licet, non sanctior, qui qua libet. Nec enim debet esse fortior mea lingua quam bellatorum teutonici alti sanguinis manus". Der Ausspruch steht in diesem letzteren Brief in unmittelbarem Zusammenhang mit den von Kepler ausgesprochenen Sorgen über die Rückreise seiner Tochter von Straßburg nach Sagan, nach vollzogener Verheiratung mit Bartsch. Die Rückreise durch Württemberg, das die kaiserlichen Truppen in Ausführung des Restitutionsediktes bedrängten, war möglicherweise versperrt, und auch andere Reisewege gefährdet. Im allgemeinen aber muß man sich bei den Schlußsätzen die Unsicherheit vergegenwärtigen, in der sich Kepler damals in Sagan befand. Noch konnte er hoffen, bei Wallenstein und beim Kaiser Unterstützung zu finden, obwohl ihm die gefährliche Gegnerschaft der Liga bekannt sein mußte, welche die Absetzung Wallensteins und die Verringerung des kaiserlichen Heeres immer offener betrieb. Im Norden drohte, von Holland abgesehen, Gustav Adolph; ein Zusammenschluß der protestantischen Fürsten war zunächst gescheitert, noch hatte der Kurfürst von Sachsen ein Bündnis mit dem Schwedenkönig abgelehnt, noch vermied er, trotz der durch die Durchführung des Restitutionsediktes wachsenden Erbitterung, den Bruch mit dem Kaiser. Aber die Verhältnisse trieben unaufhaltsam einer Entscheidung zu. Es ist der immer neu zu Tage tretende Zwiespalt der deutschen Fürsten untereinander und der Mangel an Entschlußfähigkeit beim Kaiser wie beim Kurfürsten von Sachsen, auf den die Schlußsätze des Briefes abzielen.

Der Satz „Sic fertur, ille ipse meus [Wallenstein] gratulatus esse Henrico Friederico de victoria de Dumeto" bezieht sich auf die berühmt gewordene Belagerung des von den Spaniern besetzten s'Hertogenbusch durch den Statthalter der vereinigten Nieder-

---

[1]) Abgedruckt: Opera, Bd. VII, S. 667 ff.   [2]) Opera, Bd. VIII, S. 919.

lande Prinz Friedrich Heinrich von Nassau Oranien. Sie führte am 14. September 1629 zur Übergabe der Festung, nach Überwindung größter Schwierigkeiten, trotz der versuchten Entsetzung durch die spanischen Truppen des Erzherzog Albrecht und trotz der Bedrohung durch ein zur Ablenkung gegen die Generalstaaten entsandtes kaiserliches Heer unter Johann von Nassau. Die letztere Maßnahme berührte Wallenstein im besonderen, da er gerade damals auf Befehl des Kaisers seine Truppen nach Italien werfen sollte. „Wenn dies Volk nicht so eilends nach Italia gezogen wäre, so hätte ich darmit ein Diversion in Westfriesland gethan, dadurch dann Bolduc gewiß wäre entsetzt worden. Jzt weiß ich nicht, ob mans entsetzen wird können; ist es verloren, so ist ganz Niederland in compromis" — schreibt er kurz vor dem Fall von s'Hertogenbusch, am 28. August an den Beichtvater des Kaisers P. Lamormain[1]).

Das Wort „de Dumeto", vom Abschreiber „de Dumetov" gelesen, hatte mir und anderen, die ich fragte, manches Kopfzerbrechen verursacht, bis mich ein kundiger Lateiner darauf hinwies, daß „dumetum" das Gebüsch heißt. Es wird auch bildlich für Schwierigkeit und Hindernis gebraucht. Kepler hatte ursprünglich „victoria ad Dumetum" geschrieben, dann, um den Doppelsinn hervorzuheben, in „de Dumeto" korrigiert, und dabei das m mit einem Hacken ausgestrichen, den der Abschreiber später als v gelesen hat. In Akten, welche einen lateinischen Namen für s'Hertogenbusch enthalten, habe ich indessen stets nur „silva Ducis" gefunden.

X. Brief vom 22. April 1630.

8. Zu Seite 62 und 75: Aufenthalt in Gitschin.

Über den Aufenthalt Keplers in Gitschin geben die schon oben (S. 47) erwähnten von Dvorsky 1880 veröffentlichten Aktenstücke näheren Aufschluß. Kepler war in der zweiten Hälfte des Monats März nach Gitschin gereist, um Wallenstein persönlich um seine Intervention zu bitten, einmal wegen der noch ausständigen Zahlungen der Landstände des Erzherzogtums Oesterreich ob der Enns, dann wegen der Zusage des Kaisers, daß seine Forderungen an den kaiserlichen Fiskus (von 11817 Gulden rückständigen Gehaltes) durch Anweisung auf ein Gut beglichen werden sollen. Der Erfolg von Keplers Vorstellungen bestand darin, daß Wallenstein zwei Briefe schreiben ließ, an die Landstände von Oesterreich ob der Enns und an den kaiserlichen Reichshofrat von Oberkamp, den einen mit dem „freundwilligen gesinnen, die verordnung zu machen, das ihm, Keplern, obangeregter Außstand, dessen er benötigt, bezahlt werden vnd also diese vnsere intercession ihm wirklich zustatten khomen möge"; den anderen, daß der Reichshofrat „dahin sehen solle, wie demselben in den Stifftern solchene Summa mit einem Gutt, welches ohne streit [d. i. zufolge des Restitutionsediktes] dem Kay. Fisco haimbgefallen, darauf auch keine Beschwerungen haften, guet gemacht vnd er gedachte Ailff Tausend Achthundert Siebenzehen Gulden gar woll daraus erheben khonne. Maßen er zu thun wissen wird". So reiste Kepler nach dem 10. April ziemlich unverrichteter Dinge wieder nach Sagan zurück.

In den von Dvorsky veröffentlichten Briefen kommen auch die in den gegenwärtigen Briefen erwähnten Schwierigkeiten, welche Kepler bei der Einrichtung der Druckerei erwuchsen, wiederholt zur Erörterung.

---

[1]) Aus den Akten des Wiener Staatsarchivs, abgedruckt bei A. Gindely „Waldstein während seines ersten Generalats" (Prag, Leipzig 1886), Bd. II, S. 211).

9. Zu Seite 62 und 75: **Geburt der letzten Tochter.**

Am 18. April 1630 wurde Kepler das 12. Kind geboren, das 7. aus seiner zweiten Ehe. Das Töchterchen erhielt den Namen Anna Marie. Sechs Kinder waren früher schon gestorben. Die zwei noch lebenden Kinder erster Ehe waren Bartschs Ehefrau Susanna und der Mediziner Ludwig; die vier noch lebenden der zweiten Ehe haben den Vater nicht lange überlebt[1]).

10. Zu Seite 62 und 75: **Der Plan der Schrift „Somnium seu de Astronomia Lunari"**[2]) hat Kepler, wie er in der Einleitung dazu mitteilt, schon seit dem Jahre 1608 beschäftigt; sie war wohl im Jahre 1609 fertiggestellt. Später (1621) fügte er noch zahlreiche Anmerkungen zu dieser, für seine Denkweise überaus charakteristischen Schrift hinzu. Die Veröffentlichung schob er, mit anderen Arbeiten beschäftigt, hinaus. Er wollte, wie schon oben erwähnt, der Schrift eine lateinische Übersetzung von Plutarchs Abhandlung „De facie, quae in orbe lunae apparet"[3]) hinzufügen, man ließ ihn aber mit der Zusendung einer griechischen Ausgabe warten. Kepler erwähnt beide Schriften in Briefen an Bernegger vom Dezember 1623 und vom März 1629: „Quid vero, si tibi, ut jocer, Astronomiam meam lunarem seu apparentiarum coelestium in Luna subjiciam? Sane qui pellimur terris, viaticum hoc conducet peregrinantibus aut migrantibus in Lunam"[4]).

Die von Kepler in Sagan begonnene Drucklegung blieb unvollendet. Nach Keplers Tod nahm Bartsch die Fortsetzung in die Hand, starb aber, wie schon erwähnt, bald darauf. Dann vollendete, auf die Bitten seiner Mutter hin, der Sohn Keplers, Ludwig in Frankfurt die Herausgabe im Jahre 1634. Man wird die Widmung, die dieser an den Landgrafen Philipp von Hessen, den alten Gönner Keplers, gerichtet hat, nicht ohne Bewegung lesen.

In unseren Tagen, im Jahre 1898, hat L. Günther eine vollständige deutsche Übertragung des Werkes mit zahlreichen Anmerkungen und Erläuterungen herausgegeben.

XII. Brief vom 2. September 1630.

11. Zu Seite 64 und 78: **Widmung der Ephemeriden an Wallenstein.**

Die Widmung der Ephemeriden für 1629—1636 war an Wallenstein gerichtet als „Principi Vandalorum, Comiti Sverini, Domino Terrarum Rostochii et Stargardiae etc., Imp. Caes. Ferdinandi II. Exercituum Ductori supremo Oceanique et Baltis Praefecto generali". Der in Anführung von Titeln, dem Gebrauch der Zeit folgend, stets sehr sorgfältige Kepler glaubt sich Müller gegenüber wegen dieser Anrede rechtfertigen zu sollen.

Wallenstein, nach Beendigung des Feldzuges von 1627, nach den Erfolgen im dänischen Krieg auf der Höhe seiner Macht, plante für das folgende Jahr die Fortsetzung des Krieges auf der See. Seinem unstillbaren Ehrgeiz entsprang damals der Gedanke, sich Mecklenburg als Reichsfürstentum zu erwerben, und er verlangte es als festen Flottenstützpunkt am Meere und zugleich als Entschädigung für seine enormen Rüstungsauslagen und

---

[1]) Vergl. Opera, Band VIII, Seite 921 und 944 und die hier unter C, II veröffentlichten Briefe von J. Bartsch an Ph. Müller.

[2]) Abgedruckt in den Opera, Bd. VIII, S. 27—75. [3]) Ebenda, S. 76—128. [4]) Ebenda, S. 24.

rückständigen Forderungen an den Kaiser. Im Mai 1627 war ihm das Herzogtum Sagan abgetreten worden, nun im Februar 1628 überwies der Kaiser ihm und seinen Erben Mecklenburg als Pfand für die vorgelegten Kriegskosten bis zum völligen Ersatz. Die Herzöge Adolf Friedrich und Johann Albert mußten als Verbündete König Christians von Dänemark das Land verlassen. Daß insgeheim die dauernde Veräußerung des Herzogtums an Wallenstein vollzogen und die Herzöge der Acht verfallen waren, gab der Kaiser erst später (Juli 1629) bekannt. Im April 1628 erfolgte weiter die Ernennung Wallensteins zum „General des oceanischen und baltischen Meeres". Die Erhebung Wallensteins zum Herzog von Mecklenburg war indessen von den Gegnern des Kaisers niemals anerkannt worden; die Wiedereinsetzung der geächteten Herzöge bildete vielmehr mit dem Antrag auf Wallensteins Entfernung von der Heeresführung einen wesentlichen Punkt der Forderungen der Kurfürsten auf der Regensburger Tagung. Wallensteins Entlassung erfolgte endgültig am 13. September 1630. Die Rückgewinnung Mecklenburgs durch die Herzöge vollzog sich dagegen erst im Zusammenhang mit dem Vorgehen Gustav Adolphs (endgültig Januar 1632).

12. Zu Seite 64 und 79: Die Bistümer Magdeburg und Halberstadt.

Schon zu Beginn des niedersächsich-dänischen Krieges (1625) war die Erwerbung der Bistümer Magdeburg und Halberstadt für den (noch unmündigen) zweiten Sohn des Kaisers, Leopold Wilhelm in Aussicht genommen. Beide Bistümer konnten mit der Landflucht der Administratoren Christian Wilhelm von Brandenburg (Bruder des Kurfürsten) und Herzog Christian von Braunschweig-Wolffenbüttel als erledigt gelten. Das Kapitel von Halberstadt hatte daraufhin auch in der Tat den Kaisersohn für das Bistum vorgeschlagen, das Magdeburger dagegen im Januar 1628 den Sohn des Kurfürsten von Sachsen, den Prinzen August zum Administrator gewählt. Der Kaiser aber hatte die Ernennung seines Sohnes Ende des Jahres 1628 beim Papst durchgesetzt. Zur wirklichen Besitznahme beider Bistümer in kaiserliche Verwaltung schritt erst die für die Durchführung des Restitutionsediktes (erlassen am 6. März 1629) eingesetzte Kommission im März 1630.

C.

ANHANG.

C, I. Der von Jakob Bartsch den Ephemeriden von 1629 vorangestellte offene Brief an Johannes Kepler.

1. Vorbemerkung.

Die im Jahre 1629 von Jacob Bartsch herausgegebene „Motuum Coelestium Ephemeris Nova Tychonico-Kepleriana, ad Aerae vulgaris a. N. C. Annum MDCXXIX ex Tabulis Rudolphinis, juxta Nob. Tychonis Brahe observationes correct. et Cl. Joh. Kepleri hypotheses Physicas novas diligenter supputata" ist als „Uraniburgum Strasburgicum" der Universität Straßburg gewidmet, an welcher Bartsch promoviert hatte und eine Professur erstrebte. Der Widmung, deren Einleitung wir hier zum Abdruck bringen, folgt der offene Brief an Kepler „De instituti hujus atque calculi ratione" und endlich das Vorwort an den Leser „De motuum dispositione nova et utendi methodo".

Die Widmungsschrift an die Universität ist ein Zeugnis für die Bedeutung, welche der Abschluß der Rudolphinischen Tafeln durch Kepler (1627) für die Entwicklung der astronomischen Berechnungen gehabt hat.

Bartsch ist bemüht, die Tafeln für die praktische Astronomie nutzbar zu machen, wie dies in der Folge durch die Herausgabe der Ephemeriden von 1629—1636, bei der er Kepler unterstützte, geschehen ist. Andererseits beschäftigt er sich mit der Herstellung eines Planetariums, um die Bewegung der Planeten „auf Grund der Hypothesen Tycho Brahes und der Keplerschen Anschauungen" auch für den Laien verständlich zu machen. Schon mehrere Jahre vorher (1625) war er in Ulm mit Kepler zusammengetroffen[1] und hatte nach seiner Rückkehr aus Italien (1627) eine neue Zusammenkunft erhofft. Aber Kepler war damals nach Vollendung des Tafelwerkes nach Frankfurt, Ende Dezember an das Hoflager des Kaisers nach Brandeis bei Prag gegangen, Bartsch aber in seine Heimat nach Lauban. Seine Briefe an Kepler waren nicht in dessen Hände gelangt. Erst durch seinen Lehrer Philipp Müller hatte Bartsch die willkommene Nachricht erhalten, daß

---

[1] Den Wunsch, einen von ihm und seinem Bruder gefertigten „Globus" Kepler vorzulegen, hatte Bartsch schon von Straßburg aus brieflich ausgesprochen (Opera, Bd. VII, S. 478). Auch Schickardt schreibt darüber im September 1625 an Kepler. Bartsch habe ihn in Tübingen aufsuchen wollen „spe tui mecum adhuc offendendi, quo casu hasce de globo pagellas ipse obtulisset" (Opera, Bd. VIII, S. 896). Die gesuchte Zusammenkunft hat dann offenbar in Ulm stattgefunden.

Kepler nach Schlesien zu dauerndem Aufenthalt übersiedeln werde. Nun ergreift er in einem offenen Brief an Kepler die Gelegenheit, seine künftigen Pläne zu entwickeln — die Herstellung des eben genannten Planetariums, die Fortführung der Ephemeriden und die Entwicklung der auf dieselben bezüglichen Rechenmethoden. Die im Verein mit Philipp Müller herausgegebenen beiden Heftchen der Ephemeriden von 1629 und 1630 wolle Kepler als Vorarbeiten hiezu betrachten.

2. Auszüge aus dem Text.

[a.] Ad illustrem Alsatiae Studiorum Universitatem Academicam Straßburgum.

Salutem et Incolumitatem omnimodam ab Astrorum, Coelorumque Conditore, Motore, Conservatore Deo ter maximo ter optimo.

Annus fere jam agitur, viri Domini, quo ex media Germania nostra prodiit tamdiu desideratum Tabularum Rudolphi Astronomicarum opus; opus sane, si quod aliud, cedro perdignum, et auro contra charum; sive primorum ejus promotorum, puta, Divi Rom. Imp Rudolphi II. a quo nuncupatae, tum Friderici II. Dani, cujus subsidiis inceptae sunt, Caesareas ac Regias impensas, et in hac arte delitias; sive diuturnos et infinitos multorum labores, sumtusque, mechanicos pariter ac librarios, praecipue primi authoris, generosissimi Danorum, Tychonis Brahe per XXXVIII. annos observationum vigilias, et diligentiam inaestimabilem; sive novas in eo inventiones, et computationum ad XXVI. annos protractam cum foenore perfectionem, puta Germanorum Clarissimi Dn. Joh. Kepleri, III. ordine Impp. Mathematici, hypotheses causarum physicarum novas, et absolutam calculi jam perennis editionem; sive aliorum nostri temporis litterati Astronomorum desiderium et suffragium eximium; sive tandem, quae res est ipsa, consummatam artis sideralis, ubique ruinam minantis, restitutionem, motuumque coelestium erroneorum instaurationem perfectam, pene dixerim ultimam, aequa lance perpendat aequus harum rerum supra nos positarum aestimator.

Quibus utique et ego permotus rationum illecebris, pluribus abhinc annis, quibus Astronomica Medicis admixta tracto, veteris erronei calculi taedio, easdem Tabulas avide semper exspectavi; et ex eo tempore, quo ab Autore ipso donatas accepi, pro tenuitate mea tentavi, non tantum novarum hypothesium physicarum rationem in ipsis Planetarum motibus addiscere, sed novum etiam calculi Logarithmici compendiosioris modum exercere: Unde factum, ut per proximum hoc semestre (quo Mars publicum patriae statum militibus, privatum Saturnus Parentis obitu, non parum perturbavit) relictis ad tempus aliis, nova coelestium speculatione animum recrearem, oculosque supernis intentos ordinibus, a terrenis turbis subinde abducerem. Quo in negotio satis negotioso, his magis magisque implicitus, illis sensim sensimque extricatus, tentatum unum atque alterum ex voto feliciter cessit, ita ut praeter meam (mehercule) intentionem primam, primum forte ex Rudolphinis editis editum foetum rudem chartis exciperem; quem postea lambendo vividiorem factum, cur in publicum emittere, cur hac nova forma vestitum videri voluerim, sequens Praefatio duplex, fusius clariusque dicet.

Eum sane Uraniburgum, metaphorico, modeste tamen intelligendo vocabulo, nominare placuit: quippe ut ex Uraniburgo, Astronomiae sede Tychonica, quam maximo apparatu in insula freti Sundici Huenna hos ad usus construxit Braheus, coelestium motuum observationes, exque his Tabularum Rudolphinarum fundamenta desumta sunt: ita ex hoc Astro-poecilo-pyrgio Kepleriano, sive Ephemeride Tychonico-Kepleriana, siderum ibi observatorum loca, certo tempori assignata, tanquam e coelo, praevidere, eorumque configurationes praedicere potest etiam minus exercitatus in hoc studiorum genere. Eundem vero Straßburgicum cognominare libuit, quod Meridiano vestro quoad Aspectuum tempora praecipue superstructum istud Uraniburgum, ex Tychonis et Kepleri (ut dixi) fundamentis exstructum, sub vestro nomine, cum Artis hujus cultoribus sine ostentatione ulla communicatur. . . .

Folgt die besondere Widmung an die Scholarchen und das Professorenkollegium der Universität Straßburg.

[b] Ad Excellentiss. Mathemat. Caes. Clar. Virum Dn. Johannem Keplerum, etc. Praeceptoris instar venerandum.

Quod ego saepe doleo, Vir praeclarissime, Fautor observande, mirari te saepius suspicor; non tam quod ante annum fere, vicinorum locorum conjunctio, coram colloquendi occasionem denegabat, quam quod per annum jam dissitorum longius incognita absentia, literarum etiam colloquium prorsus sustulit. Ut tamen hoc brevi compensatum iri credo, ita illud Ulmae ante triennium mihi obtigisse gaudeo. Quippe tunc temporis Italiae Patavium petituro, in transitu pauca quidem, sed grata tecum loqui concedebatur; ante annum vero reducem me Augusta Vindelicorum, ut nosti, Uranographiae Christianae Schillerianae posthumae perficiendae propositum[1]), Te Ulmae Svevorum vicinae Tychonici Tabularum Rudolphinarum operis impressio tenuit occupatum; donec finitis eodem tempore amborum operis, tuus Francofurtum versus, meus in patriam improvisus abitus, omnem hactenus sive literis, sive coram de rebus Astronomicis colloquendi occasionem intercepit. Licet enim ex eo tempore, bis Pragam, semel Ulmam, hinc literas ad Te pertinentes misi, aliasque inquirendi passim occasiones non neglexi: Praga tamen alterae absentiae, alterae discessus tui nunciae redierunt ad manus meas, Ulma nihil; nec, ubi locorum degeres, antea rescivi, quam superioribus diebus, Excellentissimus Lipsensium Prof. Mathematicus, Dn. Licent. Philip. Müllerus, Praeceptor meus nunquam satis honorandus, certior hac de re factus me monuit, Uraniae tuae gratias Silesiam nostram posthac inhabitaturas et illustraturas esse. Qua de re Tibi gratulor, mihi gaudeo, utrique simul optima quaeque apprecatus: Interim si fortassis hoc, quicquid est, laboris mei, tuum nomen praeferentis, prius ad manus venerit, quam epistolium meum; scias, non tam praemissum esse, ut de me, meoque statu, quam ut de hujus mei laboris et instituti ratione tibi constaret.

Quod igitur primo Ephemeridis hujus et supputandae ansam, et edendae causam spectat, ut hoc praemittam, olim (si recte memini) Ulmam inter alia aut scripsi, aut scribere volui, me praeter alia usibus practicis apprime accomodanda opuscula Astronomica, meditari insuper, jamque tentatis variis adornare, Planetarum non Theorias speculabiles, a Peurbachio, Maestlino, aliis aque Te ipso fusius et clarius explicatas; sed eorundem Sphaeras (ut ita dicam) Practicas, in quibus (sive secundorum mobilium directoriis, sive sphaericis

---

[1]) Der 1627 in Augsburg verstorbene Rechtsgelehrte Julius Schiller hatte einen Atlas „Coelum stellatum Christianum" hergestellt, in welchem er an Stelle der alten Bezeichnungen der Sternbilder und der Planeten christliche Namen gesetzt hatte. Der Atlas ist 1627 in Augsburg erschienen. Vgl. R. Wolf, Geschichte der Astronomie, S. 425.

secundorum motuum organis, sive Organicis Planetarum Aequatoriis, sive convenientiori nomine alio aliquando insigniendis) affectiones Planetarum propriae, sive proprii secundorum mobilium motus oculariter demonstrari, et mechanice licet ruditer, coelo tamen in gradibus convenienter, juxta hypotheses Astronomicas doceri queant: non minus ac in vulgaribus sphaeris globisve, affectiones siderum communes, ratione primi (quodcunque illud sit) mobilis eis competentes vulgo demonstrari, et oculis etiam illiteratorum exponi possunt. Quemadmodum enim certe expertusque scio, plures etiam primi et quotidie oculos incurrentis coelorum motus curam aut neglecturos, aut non intellecturos, nisi per sphaerae armillas aut Globi circulos sphaericos motumque oculariter doceri et ceu manuduci possent: sic contra plures etiam majori studio contemplaturos credo, secundorum mobilium motus, minus quidem observabiles, et certe magis delectabiles, et primi Motoris sapientiam testantes mirabilem, si eodem modo demonstrarentur $\delta\varphi\vartheta\alpha\lambda\mu\omicron\varphi\alpha\nu\tilde\omega\varsigma$ et ad oculum: si (inquam) non per numeros tantum vel schemata, nullam motus variationem, nisi pluries refingantur, exhibentia; sed per organa etiam sphaerica (tam secundum veteres Ptolemaei et vulgares eccentricorum, epicyclorum, aequantium, etc. quam juxta novas Tychonis homocentrepicyclorum, aut tuas, quoad ejus fieri potest, causarum physicarum hypotheses) oculis minus exercitatorum in hac arte subjicerentur planetarum singulorum tum motus medii longitudinis, apogaei vel aphelii et eccentrici horumque lineae ac aequationes, puta eccentricae, coaequatae seu epicyclicae, orbisque prosthaphaereses dictae; tum vera longitudo et latitudo cum nodis; tum denique mire apparentes stationum, regressionum, directionum, motusque modo celerioris, modo tardioris phantasiae, et qui in systemate motuum Tychonico inprimis admiratione dignus est, Planetarum reliquorum Solem medium, ducis instar aut choragi, certis et conjunctionum et oppositionum terminis, semper centri, loco respicientium ordo constantissimus et pulcherrimus.

Quibus ita praemissis, ad hoc sane institutum meum, ut supra laudati Dn..L. Mülleri meditationes publice nuper propositas, tanquam eo collimantes; ita et praeter tuam Astronomiae Copernicanae Epitomen, Tabulas Tychonis Rudolphinas adjumenti multum suppeditare non diffiteor. Licet enim easdem, ut dudum expetitas, ita tunc ex prelo·adhuc calentes, et licet praeter meritum meum, non tamen ingrato dono missas Augustam, magno quidem gaudio pellustravi obiter; quod tamen digne ad petitum tuum neque pellegere singulà, neque ad quaesita respondere potui, utriusque improvisus ut ab initio attigi, et tuus Francofurtum, meus Lipsiam propter comites ad nundinas discessus, impediit. Ubi postmodum eas saepius laudato Dn. Müllero, nondum visas aut illuc allatas, et proin tanto majore gaudio exceptas, reliqui ad tempus, siquidem primis statim diebus apud parentes, per octennium non visos, calculum tentari diffidebam, quem tamen post etiam, receptis sub anni hujus initium Tabulis, inopinatus, tristisque parentis unice dilecti obitus non mediocriter suspendit.

Ante hoc autem semestre, aut quod excurrit, animum cum Tabulis resumens, partim novarum tuarum et physicarum hypothesium percipiendarum, partim novi et Logarithmici calculi exercendi cupidus (neglecto etiam Martis patriam turbantis insano strepitu) cepi labore multo conquirere, et ad certos aliquot hujus currentis, et sequentis 1629 anni mensium dies, juxta Tabularum praecepta, supputare, planetarum quinque maxime nunc aberrantium t um medios motus longitudinis, aphelii et nodi; tum anomalias medias, excentricas et coaequatas; tum ad cognomines, orbisque annui aequationes, ipsa loca vera in longum et latum: At in Luna difficiles calculi prolixioris spinas, duplices nempe hypotheses, easque nonnihil differentes, in variationis praecique negotio, cum viderem, cumque insuper utriusque calculi differentiam, qualis et quanta ubique sit, in aliquot periodorum diebus singulis periclitar er, factum, ut plus quam dimidius annus, singula seorsim inquirenti, efflueret.

Quibus ita peractis, cum hac de re certiorem faciendi te occasio nulla suppeteret, ignaro in hoc regionum angulo, ubi degeres terrarum: tandem ecce! Vix a bimestri, dum superatis plerisque difficultatibus, magis magisque sub manibus calculus succedit, constituo reliqua ad integrandam Ephemerin adjicere, eamque bibliopolae alicujus sumtibus edendam dare, ut si citius alias nullas, saltem hasce praefatorias publicas ad Te defferrem quamprimum, quas etiam propterea fusius hic explicare non dubitavi. Quemadmodum vero alias ante annum, opellam meam exiguam, promtam, lubens meritoque obtuli: ita nunc certo persuasum habeas, velim, me hujus anni Ephemerin usibus meis privatis primo supputatam ita offere publicis, ut interim tuas luculentiores et digniores nullatenus vel impeditas, vel turbatas, sed multo magis (quod hoc publico testimonio liquido confirmo) pro tenuitate mea, quantum videlicet e re tua, meaque fuerit, adjutas velim: imo magis hanc edi debuisse, ut et tibi de meo qualicunque labore promto, et aliis astrorum peritis de tuo calculo Lunari et Tychonico nunquam in tuis antea conjunctim expresso, constaret. Accedunt editionis aliae privatae causae, quas cum aliquando coram (siquidem nos Deus incolumes in Silesia brevi conjunxerit) expositurus sim melius, nunc omitto, et de reliquis reliqua praemoneo. . . .

Hier folgen nähere Angaben über die von Bartsch befolgten Rechenmethoden im allgemeinen und für die Aufstellung der Tabellen der Planetenbahnen und insbesondere der Bewegung des Mondes. Der Schluß des Briefes lautet:

Haec sunt, quae ad Te, Tychonem alterum, de praesenti meo et statu et instituto, in omnem eventum praefari placuit, plura brevi (spero) vel literis vel coram de his et aliis collocuturo. Interim haec aequo et benevolo animo legas, si vacat, studia mea quantula-unque foveas, et ut antea, ita posthac favere pergas, qui plurimum et salvere et valer e Te jubet   Jac. Bartschio Authori.

Es folgen sodann die für den Leser bestimmten Erläuterungen über Anordnung und Gebrauch der Ephemeriden. Die Widmung an die Universität Straßburg trägt das Datum des 1. September 1628.

Keplers „Responsio ad epistolam clarissimi viri D. J. Bartschii. De computatione et editione Ephemeridum", zunächst gesondert erschienen, dann in den dritten Teil der gesamten Ephemeriden aufgenommen, trägt das Datum des 6. November 1629 (Abgedruckt Opera Bd. VII, S. 581 ff.). Weitere Ausführungen, die sich auf die von Bartsch hervorgehobenen Rechenmethoden und die Anordnung der Tafeln beziehen, hat Kepler dann in der Vorrede zum Saganer Neudruck der Ephemeriden von 1629, datiert vom Juli 1630, gegeben.

C, II. Auszüge aus den Briefen von Jacob Bartsch an Philipp Müller aus den Jahren 1629—1631.

Paris, Bibliothèque de l'Observatoire B, 1. 9; 89, 10.

1. Vorbemerkung.

Die Briefe von Jakob Bartsch an seinen Lehrer Philipp Müller bringen zunächst ergänzende Aufschlüsse zu den voranstehenden Briefen Keplers an Müller über die Veröffentlichungen während des Aufenthaltes in Sagan und über die letzten Anordnungen Keplers vor dem Antritt seiner Reise nach Regensburg, von der er nicht mehr zurückkehren sollte. Die späteren Briefe handeln von der Trauer um Keplers Tod und von den Sorgen der Witwe, die durch die Kriegslage noch erhöht wurden.

Die wenigstens auszugsweise Veröffentlichung der Briefe rechtfertigt sich schon dadurch, daß sie uns den unmittelbarsten Eindruck des Ereignisses und der darauf folgenden Not geben, und daß im übrigen nur ganz spärliche Nachrichten darüber aus Briefen von Lansius, Schickard, Bernegger, Gassendi[1]) und aus den von Dvorsky veröffentlichten Schreiben auf uns gekommen sind.

Die unter C, III gegebenen Auszüge aus Briefen von Paul Crüger an Philipp Müller, die sich auf den Zeitraum von 1620—1635 erstrecken, bieten mannigfache Beziehungen zu den vorliegenden Briefen von Bartsch. Sie sind aber, um dies gleich vorweg zu nehmen, besonders noch dadurch beachtenswert, daß sie den Eindruck, den Keplers grundlegende Arbeiten bei seinen gleichzeitigen Fachgenossen hervorrufen, wiedergeben und zeigen, wie wenig Keplers philosophische und „physikalische" Betrachtungsweise damals Anklang fand und wie langsam seine Rechenmethoden, insbesondere die Beziehung aller Berechnungen auf die wahre Sonne und die Verwendung seines Flächensatzes zur Bestimmung des Planetenortes, Verständnis, Anerkennung und Eingang gefunden haben. Apelt hat darüber in seinen bekannten Schriften[2]) näheres dargelegt.

Unmittelbaren Einblick in die von Kepler in die Wissenschaft eingeführten neuen Gedanken, auf die Crüger in seinen Briefen Bezug nimmt, wird die in Vorbereitung befindliche deutsche Ausgabe des Marswerkes von M. Caspar gewähren.

2. Auszüge aus den Briefen.

I. J. Bartsch an Ph. Müller, Lauban, 30. April 1629.

Kepler hat sich entschlossen, die für eine längere Reihe von Jahren berechneten Ephemeriden bei Tampach in Frankfurt gegen Ersatz der Druckkosten erscheinen zu lassen. Bartsch hat die Berechnung für 10 Jahre übernommen und ist, zusammen mit seinem Bruder, mit dieser Arbeit Tag und Nacht beschäftigt. Die Gesamt-Ausgabe soll die Jahre 1617—1636 umfassen und bis zur Herbstmesse erscheinen. Kepler hat seine „Responsio" an Bartsch schon veröffentlicht und wird Bartsch für seine jetzige Mitarbeit würdig entlohnen. Er eröffnet weitere Aussichten und gemeinsame Pläne.

---

[1]) Vgl. Opera, Bd. VIII., S. 921—924.
[2]) E. F. Apelt: Die Reformation der Sternkunde 1852. — Die Epochen der Geschichte der Menschheit. I. Bd. 2. Ausg. 1851. — J. Keplers astronomische Weltansicht. 1849.

„. . . Me quod attinet, quoniam superioribus mensibus cum Dn. Keplero coram et per litteras de edendis Ephemeridibus nostris multum egi, tandem conclusi, ad 10 ipsi annos primum supputatas eas tradere, ut primo tempore primus Ephemeridum tomus edi possit. Ipse autem dum varias variis in locis occasiones imprimendi quaesivit, tandem etiam conclusit, per Tampachum sumtus refundentem Francofurti eas in lucem dare. Unde ut opinarunt ambo ad futuras nundinas autumnales prodibit Ephemeridum nostrarum tomus ab anno 1617 cum impressis 3 reliquis usque in annum 1636 vel certe 33 inclusive. Et haec est potissima caussa, quod calculum noctes diesque urgere cogor una cum fratre, sicque aliis rebus vacare nequeo. Responsorium sane Dn. Keplerus propterea edidit, quam etiam hac occasione mittere alias proposueram. . . ."

„Noluerim operam meam sociam denegare Dn. Keplero, qui praeter alias promissiones non contemnendas praemium laboris non exiguum ipse erogat. Plura quidem meditamur, sed adhuc incerta sunt omnia. Quamprimum in reliquis certi aliquid conclusum fuerit, non celabo. . . ."

II. J. Bartsch an Ph. Müller, Lauban, 29. Juli / 8. August 1629.

Die Sportulae Keplers sind erschienen. Um die Herausgabe der Ephemeriden mit Tampach zu ordnen, will Bartsch auf den Wunsch Keplers hin sich nach Frankfurt begeben und von da nach Straßburg aus Gründen [seiner Heirat mit Keplers Tochter], die er Müller auf der Durchreise durch Leipzig mündlich anvertrauen will.

„Ante biduum . . mittebam exemplar Sportulae Keplerianae ante paucos etiam dies typis autoris excusae. Jam litteras ibi ob temporis angustiam omissas subjungo et nihil nisi hoc unicum significo, quod proximis nundinis, deo sic juvante, musas tuas revisere et quae fortassis scitu grata scribere jam deberem, coram melius exponere proposuerim. Cum enim primus Ephemeridum nostrarum Tomus, 20 annos a 17 ad 37 ann. continens, Francofurti edi quam primum debeat, consilio Dn. Kepleri, nuper mecum hic viventis, isthuc multas ob causas coram exponendas excurrere, indeque Argentinam etiam propter negotia mea repetere animus est; ubi in transitu (ut dixi) plura tecum coram. . . ."

III. J. Bartsch an Ph. Müller, Strassburg, 9./19. Januar 1630.

Der Zwischenfall mit dem zweiten Freier von Keplers Tochter (Vgl. VI. Brief von Kepler an Ph. Müller vom 13./23. November 1629; vorstehend S. 58 und 67 ff.) ist glücklich erledigt und es bedarf nur mehr der väterlichen Anordnungen für die Hochzeit. Bartsch ist schon ein Jahr vorher die Nachfolge in einer mathematischen Professur an der Universität Straßburg zugesichert worden und er hat, ohne feste Bindung bei anderen Anträgen, Urlaub erhalten, um nach Hause zurückzukehren und die mit Kepler geplanten Arbeiten durchzuführen. Gegenstimmen, daß er als Auswärtiger Heimischen bei der Berufung vorgezogen worden, fehlen nicht. Auf Berneggers Rat soll die Promotion (in der Medizin) Ende Februar stattfinden und damit zugleich auch die Hochzeit gefeiert werden.

„. . . Me meumque statum quod attinet, is quoad matrimonialia optime se habet. Princeps enim acceptis a domino parente litteris, proprio tabellario tramissis, jam virginem mihi sacram dimisit, quae jam hic vivit in aedibus Berneggerianis, expectans mecum magno cum desiderio responsorias alteras domo, ex quibus de nuptiarum loco et tempore certi aliquid concludendum. Optime etiam sese habet, quoad studia mea mathematica. Non enim te celare possum, quod superiori anno ab Academiae Ephoris, Scholarchis, Rectore et Vicariis certa successionis spes in Prof[essuram] Math[ematicam] facta, interimque reditus ad meos, et cum domino parente conversationis fructus ad tempus concessus. Intra paucos dies attestatio publico Academiae sigillo munita, jussu Dnn. Scholarcharum dabitur. Non tamen ego ita obligor, ut si meliorem aut commodiorem locum offerat Deus, hunc necessario relinquere cogar. Sunt quidem et hic nonnulli, qui extraneum inquilino praeferendum nefas ducunt. Verum plura vota concludunt. Quoad studia medica dubius [!] est."

„Optarem quidem sine gradu nuptias celebrare; suasu tamen et hortatu instanti Dn. Berneggeri, Viri optimi, optime mihi faventis, vix eum relinquere potero, propter causas aliquot privatas, statum hujus urbis et Academiae sponsaeque potissimum respicientes. Quapropter si non aliquid aliud praecipient responsoriae, quas singulis diebus domo expectamus, circa finem Februarii actus promotionis et nuptiarum hic ut instituatur laboramus, quem suo tempore certius significabo. . . ."

IV. J. Bartsch an Ph. Müller, Sagan, 7./17. November 1630.

Kepler ist Anfang Oktober von Sagan abgereist, um sich über Leipzig zum Kurfürstentag nach Regensburg zu begeben und dort seine Ansprüche auf Auszahlung seines rückständigen Gehaltes persönlich zu betreiben. Er hat Bartsch ermächtigt, inzwischen, was er für nötig halte und den astronomischen Bedürfnissen gemäß sei, zu drucken. Nach manchen Proben will Bartsch, um die Anwendung der Rudolphinischen Tafeln zu erleichtern, einige astronomische Tafeln zur Berechnung der Bewegung der Fixsterne und Planeten in kleinem Format drucken lassen. Der Brief ist geschrieben, als Kepler schon (zwei Tage vorher) gestorben war.

„. . . Quia Dn. socer — quem dudum scriptis, jam facie et conversatione notum, Tibi, mihi, aliis, omnibus salvum et incolumem reducat Deus — potestatem reliquit interea hic imprimendi, quod lubet, quodque usibus Astronomicis accomodatum et ipso dudum sic consentiente, suadenteque et me varia tentante deliberanteque hactenus, conclusi cum typotheta, excudere in forma minori (12°) Tabulas aliquot Astronomico - Logisticas tam primi quam secundorum mobilium, nominatim Tabularum Rudolph. doctrinam usumque facilitantes aut saltem abbreviantes. . . ."

V. J. Bartsch an Ph. Müller, Sagan, 3. Januar 1631.

Die Nachricht von Keplers Tod [5./15. November 1630] wurde anfangs Dezember durch Boten nach Sagan überbracht. Der vorliegende Brief ist das unmittelbarste Zeugnis des Unglückes und der Sorgen, in welche Keplers Familie dadurch versetzt waren. Eine wenige Tage darauf angetretene Reise, die Bartsch nach Gitschin unternahm, war gänzlich erfolglos[1]). Wallenstein, kurz vorher (Ende August) „des Generalates enthoben", versagte

---

[1]) Einen von Bartsch unterm 9. Dezember 1630 von Gitschin aus an Wallenstein gerichteten Brief, der das Elend der Familie schildert und um Genehmigung des weiteren Druckes der astronomischen

für die Folgezeit die Kosten für die Druckerei. Auch den ausstehenden Rest des Jahres-
gehaltes Keplers konnte Bartsch nicht erlangen. „Nachdem Kepler tot ist, scheint auch
alles andere tot zu sein. Wir hoffen jedoch auf irgend eine Gnade des Fürsten" [— eine
Hoffnung, die sich nicht erfüllte].

„Sal. plur. et off. cum felicissimo hujus anni auspicio."

„Si quid unquam in vita mea, meae vitae, meorum studiorum, meorum gaudiorum
animam afflixit, Vir optime, Fautor maxime, certe id ipsum est, quod proximis suis binis
ad me scripsit Exc. T. hisque meis etiam atro lapillo signandis repetere cogor! imo sine
tristissimis oculorum animique lacrimis vix memorare nedum scribere possum! Siquidem
tamen et Deus ita voluit, nec vota nostra mutant facta, ita est, proh dolor! in itinere;
pro dolor! in turbatissimo rerum suarum statu! proh dolor! Tuus, meus, Noster, Astronomorum omnium Sol occidit, tenebrasque curarum, luctuum, perturbationum suis reliquit.
Ah Kepplerus praeter omnem spem ita Sagano exiit, ut diem extremum citius quam reditum
ipsius hic mecum exspectavit vidua, liberi, amici! Ah Kepplerus (sed quantus!) obiit, cae-
lumque Beatorum speculaturus, in somnio suo Astronomico, placide beateque obdormivit.
O beatam animam! O felices manes! O aeternam famam Keppleri! At infelices viduam,
liberos, generum, Astrophilos, quos auxilio necessario, consilio grato, scriptis utilibus or-
batos reliquit tam cito, tam improviso. Sed ne querelis meis tuas curas cumulem, vel magis
divinae providentiae obloquar, carum filum abrumpo et quo in statu sint jam res nostrae
breviter significo."

„Cum ante mensem tristissimum istud nuncium Ratispona nobis afferret tabellarius
inde missus, in quantas perturbationes animi anxietatesque tam improvisus mariti, patris,
soceri obitus omnes nos deturbavit, facile conjici potest. Per eundem tabellarium jam ad
varios Ratisponam, Lincium, Viennam rescriptum et hisce nundinis responsorias cum relictis
rebus chartaceis expectamus. Cum eodem etiam Lipsiam scripsissem, si transiisset. Quod
si in Exc. T. aedibus apud vos quicquam deponetur et portorium aliquod petetur, solvas
quaeso et per fratrem nobis tramittas."

„Paucis post diebus cum occasio commoda Gitschinum eundi sese offerret, eam negligere
nec potui nec debui: ut principis voluntate percepta, quid hoc statu viduae cum liberis expectandum, quid mihi in ipsius typographia faciendum sciremus. Gitschini autem praeter
omnem opinionem ultra 14 dies commorari opus fuit, nec tamen ad votum quicquam peregi.
Sumtus enim typographicos in posterum abnuit; restantem salarii annui pecuniam a camera
recipere non potui; quid dicam? mortuo Kepplero statim etiam mortua videntur reliqua.
Gratiam tamen a Principe aliquam adhuc speramus."

Arbeiten bittet, hat D v o r s k y in dem schon genannten Schriftchen „Neues über J. Kepler" 1880 aus den
Akten des Wiener Kriegsarchivs veröffentlicht. Ebenso daran anschließend eine vom 10. Januar 1631
aus Sagan datierte Bittschrift der Witwe „an die Kammerräthe des Herzogtums Friedland" (Original im
böhmischen Statthaltereiarchiv). Alle diese Vorstellungen, wenigstens die dringendsten Auslagen für
Keplers Reise nach Regensburg, für die letzte Reise von Bartsch nach Gitschin, für die Entlohnung der
beiden in Sagan beschäftigten Drucker zu bewilligen, scheinen völlig erfolglos gewesen zu sein.
    Über die weiteren Eingaben, welche Keplers Sohn Ludwig an die kaiserliche Hofkammer wegen
der gesamten Ausstände gerichtet hat, sehe man Opera, Bd. VIII. S. 928 u. ff.

„„Circa ferias natalitias igitur Laubam redii, ubi binas tuas et Eggenbrechti litteras meum reditum expectantes offendi, exque iis novo moerore cognovi, circa idem tempus fere, nuncium istud lugubre ad vos delatum. Et hinc Excell. T. causam impedimenti cognoscet, cur ad neutras debito tempore responderim; jamque ignosces et hoc, quod ad easdem nihil respondeo. Saganum enim redire properans, in isto sive luctu sive turbamento eas ibi inconsulto reliqui, nec inter scribendum jam, et ut plaerumque fieri solet properandum, fideliter omnium contentorum recordari hic potui. Faciam tamen, ut receptis istis singula compensem. Interim errorem hunc animi distractionibus imputes."

„Me quod attinet, labores, numerosque meos non parum inde turbatos doleo; et nisi iam inceptum esset Manuale meum Tabularum Logarithmicarum, ne sumtus frustra impendissem, omnino iam relinquerem multas ob causas privatas, et in aliam commodioris temporis occasionem differem. . . ."

„Quicquid alias a Dn. Socero coram Exc. T. audivit, quod usui esse possit mihi, non celabit. Epicedion aliquod in epistolae aut oratiunculae funebris forma, in ipsius memoriam, hic exscribendum ab Excell. T. obnixe rogo. Excell. T. consilium et auxilium in aliis posthac imploratum non deneget quaeso. Eam jam divinae protectioni, meque cum studiis meis favori pristino commendo.*

„Dabam Sagani, inter curas, animo lugens, calamo properans."

„1631, 3. Januarii.   Excell. T. Clariss.
                                                          aeternum devotus
                                                          Jac. Bartsch. D."

VI. J. Bartsch an Ph. Müller, Lauban, 5. Mai 1631.

Die Armut, in welche sich die Hinterbliebenen Keplers versetzt sehen, zwingt sie, den von Kepler eingeschlagenen Weg weiter zu verfolgen und durch persönliche Vorstellungen in Regensburg (wo ein Teil von Keplers Nachlaß sich befand) sowie in Linz und Wien die Auszahlung des rückständigen Gehaltes und die Erlangung sonstiger Ausstände zu betreiben. Die Unruhen des Krieges haben die Reise bisher verhindert und Bartsch von Sagan in seine Vaterstadt Lauban vertrieben. — Es ist die Zeit des Vorstoßes der Schweden die Oder aufwärts, welcher zur Einnahme von Frankfurt a. d. O. (13. April 1631) und Landsberg (25. April) geführt und die Schrecken der Plünderung in das Land herein verbreitet hatte, bis die Wendung gegen Magdeburg hin den Vormarsch hier zum Stillstand kommen ließ. — Keplers Witwe war durch die Erkrankung der Kinder an den Masern an der Flucht gehindert. Der Vertrieb der hinterlassenen Schriften Keplers und des Somnium, der Ephemeriden und der Rudolphinischen Tafeln sowie der letzten Veröffentlichungen von Bartsch — und ihre Versendung nach Lauban und Leipzig bereiten in der bewegten Zeit die größten Schwierigkeiten, begleitet von der Sorge, die Kinder Keplers bei der Berechnung der Verkaufspreise nicht zu Schaden kommen zu lassen. Tycho Brahes Observationes sind mit Zustimmung der Erben Brahes nun in Bartschs Händen. Die Erben wünschen, daß dieser die Herausgabe besorge, wenn nur der Kaiser die Kosten bestreiten oder die Rückstände der versprochenen Bezahlung wenigstens zum Teil begleichen wollte.

„Sal. plur. et off. perpet."

„Constitueram equidem, Vir Excellentissime, Dn. compater fautorque honoratissime, hisce nundinis vestratibus, cum Musis tuis suavissimis coram et colloqui de rebus Astronomicis et deliberare de quibusdam status nostri dubiis; sicque Litterarum ob infinita fere impedimenta intermissarum moram compensare. Verum hoc quoque propositum cum aliis mutare, mutata tempora cogunt."

„Licet enim inter nos conclusum, ut ob summam rei nostrae exigentiam, aut solus aut cum socru iter a Dn. Keplero socero p[iae] m[emoriae] inceptum continuarem, et tam Ratisbonae et Lincii, quam Viennae res et pecunias Keplerianas curarem, pro citiori et certiori hereditatis inter nos divisione; tamen hoc tempore iter impedivere, partim turbae bellicae, quae ex abrupto, me sine periculi metu me cum libris meis et numeris Sagano expulerunt; partim socrus infelicitas, quae ob natu minorum morbillos, eo ipso fugae die fere erumpentes, adhuc eam Sagani cum maximo incommodo et periculo detinet. Ita scilicet nulla calamitas sola esse solet. Quod itaque coram hisce nundinis non possum, fortasse aliis, interimque per literas istas jam substituere non dubito. Me igitur quod attinet, per multum huc usque tempus mihi fere non vixi, sed aliis; quod mihi multis laboribus, itineribus, molestiis turbatum. Unicum addo, quod tuae etiam Uraniae molestias creavit, sine mea tamen culpa. Exemplar Somnii reliqueram Laubae a fratre Lipsiam prima certaque occasione mittendum, cum Tabulis meis tum temporis absolutis. Bis occasionem dixit fuisse, sed quam etiam post reditum ex itinere suo demum audivit. Saepius enim negotiorum suorum causa peregre abest hactenus. Sagani nullam ego expiscari potui praeter eam, quae ordinaria ex Gorlicio. Optima, et certissima ex Sagano nuper oblata, me inscio et absente. Ecce enim dum paucis ante Pascha diebus, ob improvisas et viciniae periculosas turbas martiales, et plaerorumque fugas, Laubam pedes excurrere cogebar, modo ut aurigam qui res et libros nostros huc transveheret, deducerem; interea cum alio auriga dolium Ephemeridibus plenum Lipsiam praemisit socrus, cum post reditum meum demum expectaretur auriga. Imo nisi unicum istud exemplar Laubae dudum reliquissem, mecumque jam haberem, nec hac vice exemplar mittere possem. In cistula enim reliqua exemplaria inter turbas istas turbatissimas Sagani relicta inveni, dum Laubae hic frustra quaererem inter alios libros. Per fratrem igitur accipiet exemplar, quod a multis hic lectum, nitorem suam amisit. Aliud in charta mundiori proxime titulum cum dedicatione nondum addere potui."

„Exemplar Tabularum mearum et in 8 manualis forma et in folio pro Appendice Tabb. Rudolph. tradet frater, quod ut aequi bonique consulat, obnixe rogo. Appendici deest itidem titulus cum Mappa et Dedicatione. Tabulis manualibus introductiuncula praemittenda. Uterque defectus alia occasione supplendus. Mars enim Mercurium ita impedivit. Multa mihi in minori forma, numeris et reliqua dispositione jam displicentur, quae sub finem mutari non licuit. Singulae pagellae seorsim complicandae et conjungendae, si lineae lineis correspondere debent. Equidem mallem istas hoc tempore non inceptas; multos enim praeter opinionem ad ordinem sumtus impendere opus fuit, quos quando sim recepturus, non video. Excell. T. consilium, quoad pretium imponendum, introductionem addendam aliaque fortassis adjungenda peto imploroque. Tradit enim Frater 30 minoris et 20 majoris chartae patentis in fol. exemplaria, cum 8 Tabb. Rud. quae suae custodiae commendata retineat, aut petentibus constituto pretio emenda interim tradat, pro suo consilio."

„Exemplar Tabb. [Rudolphinarum] in charta scriptoria, quod duplex mitto, venditur 40 crucigeris rhenanis charius, qui vestrae monetae faciunt fere 11 argenteos. Pro extraordinariis vecturae etc. sumtibus ego 3 aut 4 grossos vestrates jure posci puto; si tamen justo plures videntur, solvantur 2. Libri non sunt mei; nec mea culpa damnum orphanis Keplerianis minimum irrogari volo. Nec scio, quot ante hac Dn. socer p[iae] m[emoriae] petierit. Nec enim ego lubenter plures peterem, nec pauciores; ne alterutro petito, vel meae famae, vel ipsorum commodo nocerem. Cum Ephemerid. 12 exemplaribus nescio quid agendum. Cum sumtibus huc illuc mittere inconsultum. Pretium earum a Tampachio constitutum adhuc ignoro, ex Bibliopolis vestris cognitum scire aveo. Si minori a nobis, quam ab ipso venderentur, damnum in Keplerianos redundaret. Quot exemplaria Dn. socer p. m. ex mille pro se exceperit, nescio; responsum a Tampachio hisce nundinis avidus expecto; non tantum de hoc negotio, sed etiam de meo, quid nimirum cum altero Ephemerid. tomo et appendice Tabb. Rud. fieri velit: an ille ipsum sumtibus suis edere, labori meo satisfacere, hanc vero sibi coëmere velit. Responsum ab eo quam primum accepero istud Excell. T. aperiam, eiusque consilium petam. Interim si quid Excell. T. novit, quod in hoc meo vel alio Keplerianorum negotio me informare possit, non celabit proxime. De dubiis, quae ultimis litteris movit Excell. T. hoc significo, quod jam per trimestre et ultra nihil omnino vel legere, vel meditari recte potuerim. ..."

„Videbo tamen, ut jam mihi aliquo modo restitutus domi, librisque in ordinem redactis, singula excutiam, diligentiusque posthac rescribam."

„Jam per aliquot septimanas lustrare constitui, libros Observationum Tychonicarum, quos mecum jam habeo omnes et singulos, consensu haeredum Brahei, qui jam aliquoties etiam ad me scripserunt, exoptantque ut mea cura et inspectione edantur, si modo sumtus a Caesare, aut debiti residui partem aliquam accipere possint utrique haeredes. Nisi tempora impedirent omnino per aliquod tempus secum vivere et easdem perlustrare gauderem. Si quid amplius restat scribendum aut monendum, monitus responsoriis, quas cum fratre exspecto, fusius scribam. Interim reliqua et alia nova ex fratre coram resciscere poterit Excell. T., quam a me et mea, cum profiliolo bene jam (Deis sit laus) valente, officiose salutatam, cum Uxore Tua, divinae protectioni commendo."

„Dabam Laubae, 1631. 5. May.

Excell. T. Clariss. aeternum devotus

J. Bartsch, D."

VII. Ph. Müller an J. Bartsch, Leipzig, 8. Mai 1631.

[Kepler-Manuskripte der Sternwarte in Pulkowa, Bd. XI.]

Die Antwort auf den vorangehenden Brief von Bartsch an Ph. Müller habe ich s. Z. im XI. Band der auf der Sternwarte in Pulkowa aufbewahrten Keplermanuskripte aufgefunden[1]); sie mag als weiterer Beleg für die Schwierigkeiten, unter denen jene wichtigen Veröffentlichungen damals zustande kamen, hier angeschlossen sein.

---

[1]) Vgl. über diese Manuskripte meine Ausführungen in Bd. XXVIII. 2. Abt. der Abhandlungen der Bayer. Akad. d. W. vom Jahre 1915.

Keplers Enkel erhält von seinem Taufpaten Ph. Müller ein Geschenk, für das Bartsch im folgenden Brief (VIII) in dessen Namen herzlich dankt.

Ph. Müller hat Gedichte zu Keplers Gedächtnis gesammelt. Er selbst hat ebenso wie Crüger noch keines verfaßt. Der von Ph. Müller erwähnte Brief Crügers ist unter C, III auszugsweise wiedergegeben.

„Salutem et off. Clarissime et Excell. vir, Domine conpater et amice dilecte."

„Bellicis tumultibus quantum interturbari oporteat et distrahi cogitationes, nemo est, qui non intelligat. Faxit Deus, quo cito consilescant hae turbae, et ut more crisium medicarum terminentur bono exitu et cum εὐφορίᾳ oppressorum. Eaque cum sic se habeant, quid multum excusas mihi et rationem reddis diuturni silentii? Ego potius Tibi gratias ago, quod vel in his tuis concatenatis occupationibus, tamen non sis gravatus tam prolixe ad me scribere de singulis, adjuncto munere gratissimo appendicis tabularum, manualis et gamelii. Quod ut suo tempore pensem, nullam occasionem negligam. Jam quidem praeter sinceram gratiam actionem quod rependam, non invenio. . . ."

„Accepi, ut scribis 30 minoris et 20 majoris formae exemplaria T a b u l a r u m a p p e n d i c i s. Vellem addidisses precium; nec enim tantum sumo mihi, ut de tuis velim constituere. Quanti aequum sit vendere, Tute, qui sumtus et labores impendisti, scies omnium rectissime. . . . Tradita mihi sunt insuper 8 e x e m p l a r i a T a b u l a r u m R u d o l p h i n a r u m, quae vel servabo mecum, vel ex his vendam constituto a R. precio 2 th. 4 g., quot possum sive carius, si quis licitet amplius. Jam nae plaerique ex meis auditoribus quibus quidem eam ad rem suppetunt sumptus, eas sibi aliunde compararunt. Illa vero exemplaria duo in charta scriptoria, quorum mentionem annectis, non inveni in fasciculo; forte propter oblivionem ea domi remanserunt. Alias pro dictis 2 th. 14 g. argenteis mihimetipsi inde retinuissem ex his alterum. Caeterum miror appendicem tuam impressam esse in folio majore et minore; cur non enim eadem forma, quae cum tabulis congruit? . . ."

„Nescio an postulatio tua sumptus a l t e r i t o m o E p h e m e r i d u m sit praebitura. Vestro si essem loco, cum instrumenta et operae typographicae vobis sint in promtu, soceri factum imitarer et domi impressum postea venderem bibliopolis, sparsim, conjunctim prout res ferret. Fortasse in Argentinensibus bibliopolis aliquid tomo primo jam praelusum est ad famam tibi. Sine dubio sequens erit ex hac fama vendibilior."

„Profiliolo meo tenue mnemosynum rei inter nos gestae, et meae bonae voluntatis qualecunque indicium hic mitto, una cum voto repetito, quod is pulchre adolescat in honorem Dei et parentum gaudium sit, ut avi et patris vestigiis suo tempore strenue insistat. Denuo quoque gratias ago pro honore patrimatus, ut sic loquar, ea in re mihi habito. Utinam hanc meam mentem vobis declarare possem in pluribus. Ut desint vires, tamen aderit semper animus."

„Transmitto epicedia super obitum soceri tui p. m. Debebam meum adjungere; sed nescio qui mihi idem eveniat, quod de se in suis proximis queritur C r ü g e r u s D a n t i s c a n u s his verbis:"

„Quod mihi copiam Musarum in promtu esse putas ad condecorandum defuncti tumulum, errare te doleo. Vena mea Poëtica dudum exaruit, ut ex pumice citius aquam quam ex ea succum aliquem Poëticum expresseris. Nec a triennio proximo versiculum ullum a me compositum videris, imo Voto me quasi obstrinxi valedicente carminibus. Itaque me excusatum habeas et alia mihi possibilia imponas oro."

„Haec ille. Me quod attinet, si non multa, aliquid tamen submittam. Credo satis adhuc tempus futurum."

VIII. J. Bartsch an Ph. Müller, Lauban, 19./29. Juni 1631.

Weitere Sorgen um Keplers Familie, die jetzt nach Lauban übergesiedelt ist. Die Reise nach Linz und Wien steht noch bevor. — Bemerkungen zu Bartschs Logarithmentafeln sowie zur Herausgabe und Preisbestimmung der Ephemeriden. Die Gedichte auf Kepler will Bartsch gesammelt herausgeben.

„Sal. plur. et off. perpet. etc."

„Quod plaerisque hoc turbato et inverso rerum omnium, publicarum, privatarum, magnarum, parvarum statu accidit, ut vel ab honoribus ad onera, vel a Musis ad nugas, vel ab otio ad negotium, vel a libris ad liberos, vel ab astris ad rastra transire cogantur: id mihi quoque, si non simul et semel contigit, saltem posthac contingere videtur. Ecce enim, dum otium pro Urania mea apud meos sector, negotium apud Kepplerianos in dies ingravescit, non tam librorum, quam liberorum caussa; siquidem sublatis jam operis omnibus typographicis, Sagano Laubam cum liberis et ancilla adduxi socrum, ubi per aliquod tempus subsistet, ut dispositis ad iter rebus mecum vel sola, vel cum liberis Ratisponam eat, haereditatis dividendae caussa, exinde abeundum erit et Lincium et Viennam: Faxit Deus, ut meliori successu, feliciori fato. Alias quomodo rastra jam cum astris speculari, vel astra numerare inter rastra non verear, coram exponet frater. Dubia enim ista tempora et varia varios mores, studia dubia requirunt. Haec de meo statu praesenti; publicum periculosissimum melius nosti."

„Jam ad tuas breviter: Logarithmorum negotium quod attinet, id sane sua habet dispendia, plura tamen meo judicio compendia. Transmutatio arcuum molesta ex tabulis non dilatatis. Non tamen desinam omnes istas excerptionis molestias vel tollere vel sublevare. Logarithmos indicis meos exactissimos comprobat non tam series differentiarum lateralium exacta, quam calculus singulorum, tribus adhuc numeris ibi resectis auctus. ..."

„Pretium Ephemeridum apud vestrates Bibliopolas constitutum maxime demiror. Heu iniquum lucrum! A Tampachianis haeredibus infra 3 Joachimicos non vendetur; quapropter hoc pretio amicis ea quae tecum habes exemplaria meo arbitrio vendere poteris, ita tamen, ut ipsi hac de re taceant, ne et sibi et nobis creent molestias."

„De altero tomo Ephemeridum aliisque alio tempore. Consilium tamen Exc. T. non displicet, praesertim si hisce in locis subsistere cogerer, aut Imperator ad edendas Observationes aliquid suppeditaret."

„Munus filiolo nostro, Dei beneficio bene valenti, tramissum aureum argenteumque ut recusare aut remittere nefas putamus, ita pro eo maximas interim gratias agimus et habemus, donec Deo volente et benedicente ad tuum nostrumque votum bene crescat, et olim debitas gratias referre possit ipse."

„Exemplar Somnii in charta mundiori cum reliquis a fratre accipies. ..."

„Pro tramissis epicediis interim ex me gratias authoribus; plura olim conjuncta edentur. Tuum si fieri potest, non omittas. Dn. Ursinus Francofurti in publica magistrali promotione, parentali ovatione memoriam beatam Keppleri celebravit. Descriptam quam primum mittet. Novi si quid habes certi, aut solatii, fratri communices, eumque eodem respondeas quaeso. Jam a me et mea, nostroque salve officiosissime cum Tua et fave nobis.“

IX. J. Bartsch an Ph. Müller, Lauban, 3. Sept. 1631.

Am Vorabend der Reise nach Prag, Regensburg, Linz und Wien geschrieben.

Den Logarithmentafeln fehlt noch Titel und Vorwort. Die Ephemeriden und (Rudolphinischen) Tafeln gelangen zum Verkauf. Der „Traum" mit dem Anhang dazu soll der Witwe und den Erben des inzwischen verstorbenen Tampach übermittelt werden.

„. . . Jam unicum hoc scribo: Hodie cum socru iter ingredior; faxit Deus, ut feliciori sidere et eventu, quam socer. Per Pragam, propter principis debita, Ratisponam propter haereditatis negotia, Lincium et Viennam, propter multa, si Deus voluerit, expediunda abire cogitamus.“

„Interim tabulas meas tecum retine, donec titulus et Praefatio addatur. Ephemerides et tabulas quotquot poteris, cognito pretio vendas obsecro. Somnii et Appendicis in majori charta exemplar unum (non manualis) trades quaeso juniori Voygtio, si petierit, ut videndum et aestimandum tradat viduae aut haeredibus Tampachii. Aliud exemplar Somnii alia occasione reddam. . . .“

„Apud meos interim liberi Keppleriani manent. . . .“

C, III. Auszüge aus den Briefen von Peter Crüger an Philipp Müller, 1620—35.

Paris, Bibliothèque de l'Observatoire B, 1. 9; 89, 9.

1. Vorbemerkung.

Die 26 auf der Pariser Sternwarte befindlichen Briefe Peter Crügers an Philipp Müller — im ganzen 50 enggeschriebene Quartseiten — enthalten wertvolle Aufschlüsse zur Geschichte der Astronomie, die um so beachtenswerter sind, als Crüger, der Lehrer von Johannes Hevelius, sich in ihnen mit allen damals brennenden astronomischen Fragen beschäftigt und seinen Gedanken darüber freien Lauf läßt. Er bekennt sich, stark beeinflußt durch die Astronomia Danica des Longomontanus, nur langsam und widerstrebend zum Kopernikanischen System. Er faßt den ungeheuren Fortschritt der Keplerschen Berechnung der Planetenörter aus dem Flächensatz und bezogen auf den wahren Sonnenort gegenüber der alten Epicyklenrechnung mit Ausgleichspunkt in seiner Bedeutung nicht auf, geschweige denn die ganze Tragweite der Keplerschen Gesetze und der Versuche einer physikalischen Begründung. Aber es läßt sich aus seinen Briefen, wie aus anderen

Dokumenten jener Zeit die allmähliche Wandlung und Klärung der Anschauungen verfolgen, aus welchen schrittweise eine Physik des Himmels entstanden ist, die mit Kepler anhebt und die über Galilei zu Newton führt, deren Gedankengänge aber Crüger, wie den meisten Gelehrten der damaligen Zeit, völlig fremd, zum großen Teile unverständlich und unerhört erscheinen. Es muß indessen hier, um den Zweck der vorliegenden Veröffentlichung nicht ganz zu verschieben, genügen, einzelne besonders charakteristische Stellen aus Crügers Briefen herauszuheben, die in nächstem Zusammenhang mit den im vorausgehenden abgedruckten Briefen Keplers stehen. Ein weiteres Eingehen auf die Briefe, die auch nicht uninteressante politische Bemerkungen enthalten, mag anderer Gelegenheit vorbehalten bleiben.

2. Auszüge aus den Briefen.

I. Bemerkungen zu Keplers Theorie der Kometenbahnen.

Crüger erbittet sich von Anfang an und regelmäßig von Ph. Müller die Zusendung der neuesten Erscheinungen auf dem Gebiet der Astronomie, die diesem durch die Leipziger Messe zugänglich sind:

„Vivo hic in rerum mathematicarum tenebris, Tu Clar. Vir in luce meridiana; si quid videris novi, quod me scire intersit, procurate mihi precor; precium libentissimo et gratissimo animo solvam."

So hatte Crüger im Oktober 1619 Keplers Schriften über die Kometen, die im Sommer 1619 in Augsburg erschienenen „De cometis libelli tres", erhalten und schreibt darüber in einem vom Ostermontag 1620 datierten Brief[1]):

„Libri Keppleriani in tempore advenerunt, sed tamen adhuc titulum Cometae abs te promissum expecto. Magnas et officiosas habeo gratias."

Zum ersten der drei Kometenbücher „Astronomicus, Theoremata continens de motu Cometarum, ubi demonstratio apparentiarum et altitudinis Cometarum, qui annis 1607 et 1618 conspecti sunt, nova et παϱαδοξος", in welchem Kepler bei Entwicklung seiner Theorie der geradlinigen Bewegung der Kometen die Erdbahn als elliptisch voraussetzt und weiterhin die Rückläufigkeit der Kometenbahn bespricht, bemerkt Crüger:

„Libri hujus Autoris Cometici ad stabiliendum motum Cometarum rectilineum exingeniossissime sunt conscripti. Sed tamen huic motui Cometarum subscribere non possum. Causae mihi duae sunt. Una, quod primum omnium assumit Terrae motum annuum tamquam evidenter demonstratum, de quo tamen adhuc sub judice lis est. Ego utut motum terrae diurnum credo, non tamen annuum animo meo inducere possum. . . ."

„Altera causa, quae motum Cometarum rectilineum amplecti prohibet, est, quod nullo modo trajectoria repraesentare possit motum Cometae proprium, qui supra semicirculum excrescat. . . ."

„Theoremata Keppleri citata mirabilem Cometae motum supponunt nec unquam de ullo Cometa vel somniatum vel auditum. Theorema XXI[2]) satis obscurum nullo illustravit diagrammate; ego tamen obscuritate superata diagramma eius, omnibus eius verbis conveniens, tibi hic una mitto. Perpende quaeso diligenter et vide modo rabiosos Cometae

---

[1]) Nr. 89, 9. B. 24 des Verzeichnisses der Pariser Sternwarte.
[2]) Siehe Opera. Bd. VII, S. 60.

saltus, modo inertes stationes. Quis (malum!) unquam ab aevo condito tale quicquam vidit vel audivit? Triumphum igitur ante victoriam canere videtur Kepplerus. ... Sed de his desino, veritus ne Te, Keppleri observantissimum, hac censura offendam. Quicquid feci, veritatis Astronomiae studiosus feci: quam tibi credo prae omnibus amicis amicam."

II. Bemerkungen zu Keplers Berechnung der Planetenbahnen und zu seinen Versuchen, sie physikalisch zu begründen.

Einem Manne wie Crüger bot sich von selbst der Vergleich der auf der Epicyklentheorie beruhenden Berechnung der Planetenörter, wie sie Longomontanus in seiner Astronomia Danica gegeben hatte, mit der auf den Keplerschen Sätzen beruhenden dar. In offenherzigen Darlegungen betont er die Schwierigkeit, sich in Keplers Methoden einzuarbeiten und seinen Gedankengängen zu folgen. So schreibt er in eben jenem Brief von Ostern 1620:

„... Opus eius de Marte oppido requirit hominem ab omni alia cogitatione liberum nec id uno die sed integro anno, donec apprehendi per omnia possit. Ausim dicere, virum studiosissime obscuritati et perplexitati dedisse operam ..."

„Harmoniam Mundi Keplerianam nondum attente pervolvi. Videtur hoc opus aeque obscurum ac Martiale ..."

Nach Empfang des 1620 erschienenen vierten Buches der „Epitome Astronomiae Copernicanae („quo physicae coelestis, hoc est omnium in coelo magnetudinum, motuum proportionumque causae vel naturales vel archetypicae explicantur ..." berichtet er an Ph. Müller[1]):

„Librum Astronomiae Keplerianae quartum accepi ... Legi, nec semel, quae de proportione Orbium et Corporum Planetariorum Keplerus citatis abs te locis infert. Lectio decies repetita placebit, ait Poëta. Sed haec vel centies repetita nondum intelligo. Et videtur autor more suo rem obscurare de industria ... Considerabo tamen posthac per ocium omnia summis viribus, quamquam non video, cui bono. Nituntur enim haec fundamentis lubricis et meris conjecturis. Certiora forte deprehendemus in Astronomia Danica ..."

Mit Bezug auf Keplers physikalische Betrachtungen schreibt er weiter:[2]

„... Kepplerus dum Hypotheses Copernici rationibus Physicis demonstrare laborat, mirabiles introducit speculationes non tam ad Astronomiam quam ad Physicam pertinentes, quales sunt, de fibris Planetarum magneticis et aliae — ([Randbemerkung:] „Ut motum Telluris annuum obtineat, totam fere philosophiam reformat et novam quandam introducit, novos etiam terminos Astronomicos fingit, exempli gratia Focos, fibras Solipetas et Solifugas etc.; taceo mirabilem prosthaphereseon calculum per areas triangulorum et sectorum circularium. Non itaque mirandum, si et novos modos proportionum novasque rationes introducat.") Jucunda sunt illa quidem, sed admodum obscura, ut et illa de motu librationum caelestium ad librae rationes comparato ..."

„Quis horum ad Astronomiam usus? Esto, pelliciat hisce speculationibus nonnullos ad Physicam suam caelestem et Astronomiam Copernicanam; at multos etiam ab ea deterrebit, praesertim cum viderint prodire alterius opera Astronomiam totam ad Hypotheses Tychonicas instauratam. Prodiit illa hoc anno, vigiliis et opera Christiani Severini [Longo-

---

[1] Brief vom 9. August 1622. — Nr. 89, 9. D. 26 des Verzeichnisses der Pariser Sternwarte.
[2] Brief vom 1. Juli 1622. — Nr. 89, 9. E. 27 des Verzeichnisses der Pariser Sternwarte.

montani], Tychonicarum observationum socio decennali, cuius viri honorifica fit mentio tum in Progymnasmatum Tychonicorum appendice, tum in praefatione libri de recentioribus mundi Phaenomenis."

„Vidi inibi multam a Kepplero discrepantiam. Et quidni Severino potius astipuler quam Kepplero? cum Severinus unice insistat observationibus Tychonicis, Kepplerus ipsas observationes limitet ad libros suos Harmonicos et Astronomiam Copernicanam et Physicam suam caelestem, cum potius observationes deberent esse norma Astronomiae ..."

„De magnitudinibus Planetarum Tychonicis a Kepplero dubitatis dico, quod ante dixi, me nec omnia assequi nec omnia recipere, quae Kepplerus in Physica sua caelesti inque Epitome Astronomiae Copernicanae tradit: siquidem observationes ipsas Tychonicas (quibus ipse nunquam interfuit, nec, si interfuisset, tot oculorum paribus par est) limitando, corrigendo et nescio quid invertendo, nil aliud agit, quam ut suam Mundi Harmoniam et Astronomiam Copernicanam omnibus numeris absolutam esse probet. Videbo, quid me docuerit Astronomia Danica Severini."

In einem weiteren Brief vom August 1623[1]), in welchem sich Crüger erneut für zugesandte Schriften von Kepler bedankt, findet sich die Bemerkung:

„Gratias ago pro communicatis Kepplerianis. Mirabundria sunt (aiebat Italus iste [Magini?, Galilei?[2])]) ut vir ipse. Videor mihi, quotiescunque talia et alia Keppleri lego, nescio quorsum extra me abripi. Seposui haec obscura ad tempus, cum mihi bellum e bello surgat."

Die folgenden Briefe Crügers zeugen immer wieder von den Zweifeln, die namentlich beim Studium der Marsbewegung sich ergaben, ob man Keplers Lehre folgen könne, oder der auf das Tychonische System gegründeten Astronomia Danica, zumal Crüger auch in dieser Fehler gefunden hat.

„Quin igitur, inquis, amplectamur Astronomiam Keppleri. Huius viri acumen et subtilitatem merito miror. Sed non omnia acuta etiam recta, inquit alicubi Lipsius ... Non igitur hypothesibus Dn. Keppleri subscribo. Dabit, uti spero, Deus aliam rationem deprehendendae verae theoriae Martis[3])."

III. Eindruck und Würdigung der Tabulae Rudolphinae.

Im Herbst 1627 waren die mit Spannung erwarteten Rudolphinischen Tafeln vollendet und ihr Erscheinen im Frankfurter Meßkatalog angezeigt:

„Vidi in Catalogo Francofurtano prodiisse Tabulas Keppleri Rudolfinas" schreibt Crüger am Palmsonntag 1628 an Ph. Müller[4]). „Itaque ad Götzium scribo, ut mihi mittantur ... Etsi Astronomiae jam parum vaco, tamen in futurum, si Deus hac aestate pacem nobis reddiderit, me praeparabo. Etsi quis Astrophilorum est, qui Tabulas istas, tot annos desideratas, sibi nolit? Ego tanto magis, quanto incertiorem me relinquit Severinus ... Itaque desiderio Tabularum Keppleri teneor ingenti."

---

[1]) Nr. 89, 9. J. 81 des Verzeichnisses der Pariser Sternwarte.

[2]) Die bekannte Kritik Galileis über Kepler findet sich als dessen schon lange gehegte Anschauung in einem Brief vom Jahre 1634. Vgl. Nova Kepleriana 3, S. 7.

[3]) Brief vom 4./14. April 1624. Nr. 89, 9. K. 82 des Verzeichnisses der Pariser Sternwarte.

[4]) Brief Nr. 89, 9. M. 84 des Verzeichnisses der Pariser Sternwarte.

Der folgende Brief vom 4./14. Dezember 1629[1]), nach Empfang der Rudolphinischen Tafeln geschrieben, zeigt, welch großen Eindruck die in den Tafeln niedergelegte Rechen-arbeit gemacht und welchen Einfluß die darin gegebenen Rechenmethoden auf die allmäh-liche Wandlung der Anschauungen gehabt haben. Es sind im folgenden die Stellen des Briefes wiedergegeben, in welchen Crüger die Vorzüge der Tafeln zusammenstellt. Was er daran aussetzt, bezieht sich auf das Format, auf die Art der Berechnung der Erdbahn und die Anordnung der Tafeln für die Parallaxen der Planeten.

„S. P. Tempus est, Cl^me et Excell^me Vir, ut silentium compensem epistola bene longa, si tulerit materia. Multis me Tibi devinxisti meritis, multis communicatis novalibus. Quid contra praestem, non habeo praeter nuda de communibus studiis colloquia; nec enim in hoc Europae angulo Musae, praesertim hisce temporibus, adeo faecundantur atque in Germania, ubi quotidie fere novi quid pariunt. Quod possum, ingentes ago gratias pro communicatis non tantum typo vulgatis scriptis, sed etiam pro communicata Bartschii ad Te epistola. De quibus omnibus, quod spero Tibi non fore molestum, paucis tecum hic colloquar."

„Initio tamen de Astronomia Danica, cuius in epistolae tuae posterioris vestibulo fit mentio. Optas aliquem, qui limam istis Tabulis adhibeat; gratum id fore toto choro Astronomorum. Ego vero putarim, hanc operam fore cassam, publiçatis jam Rudolphinis, quibus omnes dubio procul adhaerebunt, praesertim cum illinc exulent omnes veterum speculationes intricatae de Planetarum inclinationibus, reflexionibus et aliis."

„Ego jam, quantum per alias occupationes minus liberales possum, totus in eo sum, ut Rudolfinorum praeceptorum ac tabularum fundamenta penitus intelligere discam, idque ex Epitome Astronomica antehac prodromi loco a Kepplero edita. Illam inquam toties ante publicatas tabulas lectam, parum intellectam, saepe e manibus abjectam, nunc resumo tractoque paulo felicius, utpote ad Tabulas comparatam iisque illustratam."

„Et nunc in aurem Tibi dicam, quod a Tabulis istis novis mihi placeat, quid item displiceat, praesertim cum Tute id a me priori epistola requisiveris, quod tamen ante visas atque tractatas Tabulas facere non potui."

„Placet omnium omnino Planetarum constans et immutabilis eccentrici [²] ad orbem magnum (sive solis, sive terrae) alligatio; placet omnium [²] constans eccentricorum ad eclipticam inclinatio; latitudinum simplex [²] ratio; methodus in 5, praeter luminaria [sol et luna], planetis uniformis; nodorum [²] motus aequabilis; denique compendiosior per logarithmos computus, qui sane aeque ac Tibi visus initio perplexus et ad lapsus proclivis, sed jam usu familiaris. Nec jam abhorreo a forma Planetariarum orbi-tarum elliptica, praesertim persuasus demonstrationibus Keppleri in commen-tariis de Marte."

„Praeterea sunt in istis Rudolphinis egregie inventa mireque arridentia. Veruntamen dicam, quid mihi displiceat . . ."

„Chronologica etiam non omnia ad meum palatum. Risi, lecto Creationis Tempore,

---

[1]) Nr. 89, 9. N. 85 des Verzeichnisses der Pariser Sternwarte.

[²] Unleserliche Stelle.

quod, cum multis annis loca et apogaea Planetarum fingendo et refingendo sollicitasset tandem a technico nunc facit historicum. Sed haec nihil ad Astronomiam[1])."

„Haec sunt, quae hac vice Tecum Vir Excell^me de Rudolphinis colloqui volui, sed privatim et cum amico, ne resciscat Autor, quem sane, ceu par est, magnifacio."

„Ephemerides, quas nobis spondent ipse et Bartschius, erunt gratissimae, utinam et tolerabili precio. Miror, bibliopolas (ut e Keppleri et Bartschii epistola constat) a Kepplero Rudolphinarum exemplaria emere binis taleris, eaque deinceps aliis vendere quaternis. Quid fiet Ephemeridibus? Mitto Götzio precium pro Rudolphinis etc. et si prodierint Ephemerides, quaeso rescribe quanti emantur ..."

IV. Nachricht vom Tode Keplers.

Die Nachricht von Keplers Tod kam zu Anfang des Jahres 1631 nach Danzig. Crüger schreibt darüber am Ostermontag 1631 an Ph. Müller[2]):

„... Sequar Filum Epistolae Tuae, quod incipit ab Obitu Viri omnibus Astronomis suspiciendi Keppleri. Primus ea de re mihi rumor vagus nec fide tum dignus. Secutae sunt ad me literae Laubani e Silesia: nec sic quidem plenam adhibui fidem. At postquam idem Tuae nunciarunt, jam quasi oculatae factae sunt manus meae. Sane quod ex animo doleamus, habemus, ob incomparabile ingenium et ob residua reique publicae promissa Opera, praesertim Hipparchum, Fundamenta Rudolphinarum, et Observationes Brahei. Multa sunt nempe in Rudolphinis, quorum calculus mihi quidem apprehensu facilis, at ratio calculi non patet. ..."

„Ut maximopere doleam, Virum ante perfectionem desideratissimorum operum nobis ereptum. Caeterum quod mihi copiam Musarum in promptu esse putas ad condecorandum defuncti tumulum, errare te doleo ..."

Hier folgt die Bemerkung, die Ph. Müller seinerseits in den Brief an Bartsch vom 8. Mai 1631 weitergegeben hat und die dort (siehe Seite 103, Schußabsatz) eingefügt ist.

V. Crügers Bemühungen um die hinterlassenen Schriften von Kepler und von Bartsch und um die Observationes Tychonis Brahe.

Die späteren Briefe enthalten wertvolle Angaben über die hinterlassenen Manuskripte Keplers und die Bemühungen Crügers, diese und die Beobachtungen Tycho Brahes für die Stadt Danzig zu erwerben. Die Kriegsläufte haben die Verwirklichung dieser Pläne zunächst verhindert und Crüger ist darüber (1639) gestorben. Erst später gelang es seinem Schüler

---

[1]) Crügers Anschauungen über die Beziehung zwischen theologischen Fragen und astronomischen, ebenso wie zwischen astrologischen und astronomischen, in denen er viel nüchterner urteilt und schärfer trennt als Kepler, sind mit besonderer Anschaulichkeit und mit viel Humor in seinen zahlreichen Schreibkalendern und Prognostiken niedergelegt, so besonders in dem (mit obigen Briefen gleichzeitigen) des Jahres 1629. Dort kommt er auch, ebenso wie in den Briefen, wiederholt auf seinen Streit mit Nagel zu sprechen, dessen wir schon oben (S. 84) Erwähnung getan. Im Jahre 1631 hat ein Breslauer Verleger (G. Baumann) das wichtigste aus diesen Schreibkalendern in „Cupediae astrophysicae Crügerianae" „dem kunstliebenden Leser zum besten ordentlich zusammengetragen".

[2]) Brief 89, 9. R. 39 des Verzeichnisses der Pariser Sternwarte.

und Nachfolger J. Hevelius, die Manuskripte Keplers für sich zu erwerben und zwar
nach Ludwig Keplers Tod, von dessen mittellosem Sohne, während, wie schon erwähnt,
der wesentlichste Teil der Observationes Tychonis Brahe schon vorher (1655) durch König
Friedrich III. von Dänemark für die Kopenhagener Bibliothek von Keplers Sohn erworben
worden waren[1]).

Wir geben nachfolgend die in Crügers Briefen enthaltenen Notizen wieder:

Dantisci, 12./22. Aprilis, Anno 1634[2]).

„Ubi quaeso jam latent scripta Keppleri, Bartschii et Observationes Tychonis? Quanta
jactura perirent! Utinam conveherentur in locum a communibus turbis immunem!"

Dantisci, raptim, 20./30. Septembris, Anno 1634[3]).

„Suadet Exc. T. ut posthuma Keppleri et Bartschii scripta comparem a viduis. Mihi,
clarissime Vir, tantae facultates non suppetunt, ut iis sim solvendo. Ad Magistratum rem
referre non est hujus temporis, quo omnia intenta sunt tractatibus de bello vel pace Suecica,
induciis jam ad finem vergentibus. Dies actioni inchoandae dictus Calend. Nov. Quod si
Deus largiatur pacem, non dubium quin a Senatu quid obtinuero; si pacificatio degeneret in
bellum, frustra sollicitem. Sed et nescio qua ratione mihi ignota ad Viduas sit scribendum;
nec quemquam ibi locorum habeo, qui rem explorare possit, quaenam scilicet ibi scripta
sint, quanta copia et an etiam scripta et Observationes Tychonicae; quanto denique precio,
si emenda sint."

Dantisci, festinatissime, pridie Cal. Jan. anni ineuntis 1635[4]).

„De scriptis Keppleri etc. posthumis mandatum habeo a magistratu nostro, ut explorem,
qualia sint illa scripta et quanti prostent. Quaeso itaque cum jam facilior sit occasio
Lipsia quam Dantisco Saganum, Exc. T. procuret mihi Catalogum scriptorum, quae vendi
possint, et, si inter ea etiam Observationes Tychonicae, exploret, an etiam Viduae sit integrum,
eas vendere, si quidem procul dubio Caesar eas sibi vindicare posset tamquam Kepplero
tantum concreditas. Quaeso rem hanc agat serio, et si non hac occasione (quod sane fieri
nequit) saltem alia me omnium certiorem faciat."

Raptim, feria 3 Paschalis [Osterdienstag] anni 1635[5]).

„Cum legato Regis Angliae praeterita hyeme huc venit Ludovicus Kepplerus, magni
nostri filius, Medicinae candidatus, mecum aliquoties familiariter versatus, postea autem in
Borussiam Ducalem digressus. Is mihi retulit statum novercae cum reliquis liberis, ut

---

[1]) Man vergleiche hiezu die Bemerkungen von Frisch in den Opera, Bd. I, S. 58 ff., ferner
R. Wolff, Geschichte der Astronomie, S. 308 ff., sowie meine Ausführungen in der Einleitung zu den
gegenwärtigen „Nova Kepleriana", Abhandl. d. Bayer. Akad. d. Wiss., Bd. 28, S. IV, und die Notizen auf
S. 5 und 82—83 der gegenwärtigen Abhandlung.

[2]) Nr. 89, 9. Z. 46 des Verzeichnisses der Pariser Sternwarte.

[3]) Ebenda, Nr. 89, 9. A a. 47.   [4]) Ebenda, Nr. 89, 9. B b. 48.   [5]) Ebenda, Nr. 89, 9. C c. 49.

scilicet summo cum periculo Francofurtum (ad Moenum) venerint, ibique ab eo mense Decembri (quo circiter tempore Legatus Anglicus illac pertransierat) relictos, non admodum nummatos; coactum ipsum sua, quae comportaverat, novercae communicare, nunc se ipsum aeris egere."

„De relictis a Parente scriptis referebat, caeteris integrum non esse, ea vendere, sed sibi in haereditatem cessisse, Sagani vero in cistis bene servari. Reliquit mihi omnium specialem consignationem."

„De Observationibus Tychonicis dicebat, eas Caesaris et Haeredum Tychonis esse, sed Caesarem haeredibus Keppleri aliquot millia debere, quorum etiam debitorum se ante biennium circiter peculiare diploma promissoriale obtinuisse."

„Es sol gezahlt werden, so bald es werde sein können."

„Si posset Chirographum Caesaris Jesuitis hic degentibus vendere, remissa etiam tertia parte, jam cogitavit cum haeredibus Tychonicis agere, ut Observationes a Caesare impetrarentur, ac tum Kepplerum de editione et illarum et aliorum posthumorum scriptorum fore sollicitum, idque in loco, ubi et sumtus impenderentur a Magistratu et corrector ac director esset idoneus, qualem locum sperabat esse posse Dantiscum. Dabey muß man es nun bewenden lassen. Interim utinam deferveat bellum Suecicum! Magistratum nostrum, si tum adhuc viverem, sperarem non alienum."

Übersicht des Inhalts.

Nova Kepleriana, 4.

Die Keplerbriefe auf der Nationalbibliothek und auf der Sternwarte in Paris.

114